박영훈 선생님의
생각하는
초등연산

◇ 당신은 언제나 옳습니다. 그대의 삶을 응원합니다. – 라의눈출판그룹

박영훈 선생님의
생각하는 초등연산 1권

초판 1쇄 | 2022년 4월 1일
초판 2쇄 | 2022년 4월 21일

지은이 | 박영훈
펴낸이 | 설응도   편집주간 | 안은주
영업책임 | 민경업   디자인 | 박성진   삽화 | 조규상

펴낸곳 | 라의눈

출판등록 | 2014년 1월 13일(제2019-000228호)
주소 | 서울시 강남구 테헤란로78길 14-12(대치동) 동영빌딩 4층
전화 | 02-466-1283   팩스 | 02-466-1301

문의(e-mail)   편집 | editor@eyeofra.co.kr
               영업마케팅 | marketing@eyeofra.co.kr
               경영지원 | management@eyeofra.co.kr

ISBN 979-11-92151-07-6 64410
ISBN 979-11-92151-06-9 64410(세트)

박영훈 선생님의
생각하는
초등연산

★ 박영훈 지음 ★

1권
1-1

박영훈 선생님의
생각하는
초등연산

머리말

<생각하는 연산>을 지도하는 선생님과 학부모님께

**수학의 기초는 '계산'일까요, 아니면 '연산'일까요?
계산과 연산은 어떻게 다를까요?**

54+39=93

이 덧셈의 답만 구하는 것은 계산입니다. 단순화된 계산절차를 기계적으로 따르면 쉽게 답을 얻습니다.

반면 '연산'은 93이라는 답이 나오는 과정에 주목합니다. 4와 9를 더한 13에서 1과 3을 왜 각각 구별해야 하는지, 왜 올려 쓰고 내려 써야 하는지 이해하는 것입니다. 절차를 무작정 따르지 않고, 그 절차를 스스로 생각하여 만드는 것이 바로 연산입니다.

$$\begin{array}{r} \,{}^{1}5\,4 \\ +\ 3\,9 \\ \hline 9\,3 \end{array}$$

덧셈의 원리를 이렇게 이해하면 뺄셈과 곱셈으로 그리고 나눗셈까지 차례로 확장할 수 있습니다. 수학 공부의 참모습은 이런 것입니다. 형성된 개념을 토대로 새로운 개념을 하나씩 쌓아가는 것이 수학의 본질이니까요. 당연히 생각할 시간이 필요하고, 그래서 '느린 수학'입니다. 그렇게 얻은 수학의 지식과 개념은 완벽하게 내면화되어 다음 단계로 이어지거나 쉽게 응용할 수 있습니다.

$$\begin{array}{r} \,{}^{1}3 \\ \times\ \ 5 \\ \hline 6\,5 \end{array}$$

그러나 왜 그런지 모른 채 절차 외우기에만 열중했다면, 그 후에도 계속 외워야 하고 응용도 별개로 외워야 합니다. 그러다 지치거나 기억의 한계 때문에 잊어버릴 수밖에 없어 포기하는 상황에 놓이게 되겠죠.

아이가 연산문제에서 자꾸 실수를 하나요? 그래서 각 페이지마다 숫자만 빼곡히 이삼십 개의 계산 문제를 늘어놓은 문제지를 풀게 하고, 심지어 시계까지 동원해 아이들을 압박하는 것은 아닌가요? 그것은 교육(education)이 아닌 훈련(training)입니다. 빨리 정확하게 계산하는 것을 목표로 하는 숨 막히는 훈련의 결과는 다음과 같은 심각한 부작용을 가져옵니다.

첫째, 아이가 스스로 생각할 수 있는 능력을 포기하게 됩니다.

둘째, 의미도 모른 채 제시된 절차를 기계적으로 따르기만 하였기에 수학에서 가장 중요한 연결하는 사고를 할 수 없게 됩니다. 셋째. 결국 다른 사람에게 의존하는 수동적 존재로 전락합니다.

빨리 정확하게 계산하는 것보다 중요한 것은 왜 그런지 원리를 이해하는 것이고, 그것이 바로 연산입니다. 계산기는 있지만 연산기가 없는 이유를 이해하시겠죠. 계산은 기계가 할 수 있지만, 생각하고 이해해야 하는 연산은 사람만 할 수 있습니다. 그래서 연산은 수학입니다. 계산이 아닌 연산 학습은 왜 그런지에 대한 이해가 핵심이므로 굳이 외우지 않아도 헷갈리는 법이 없고 틀릴 수가 없습니다.

수학의 기초는 '계산'이 아니라 '연산'입니다

'연산'이라 쓰고 '계산'만 반복하는 지루하고 재미없는 훈련은 이제 멈추어야 합니다.
태어날 때부터 자적 호기심이 충만한 아이들은 당연히 생각하는 것을 즐거워합니다. 타고난 아이들의 생각이 계속 무럭무럭 자라날 수 있도록 〈생각하는 연산〉은 처음부터 끝까지 세심하게 설계되어 있습니다. 각각의 문제마다 아이가 '생각'할 수 있게끔 자극을 주기 위해 나름의 깊은 의도가 들어 있습니다. 아이 스스로 하나씩 원리를 깨우칠 수 있도록 문제의 구성이 정교하게 이루어졌다는 것입니다. 이를 위해서는 앞의 문제가 그 다음 문제의 단서가 되어야겠기에, 밑바탕에는 자연스럽게 인지학습심리학 이론으로 무장했습니다.

이렇게 구성된 〈생각하는 연산〉의 문제 하나를 풀이하는 것은 등산로에 놓여 있는 계단 하나를 오르는 것에 비유할 수 있습니다. 계단 하나를 오르면 스스로 다음 계단을 오를 수 있고, 그렇게 계단을 하나씩 올라설 때마다 새로운 것이 보이고 더 멀리 보이듯, 마침내는 꼭대기에 올라서면 거대한 연산의 맥락을 이해할 수 있게 됩니다. 높은 산의 정상에 올라 사칙연산의 개념을 한눈에 조망할 수 있게 되는 것이죠. 그렇게 아이 스스로 연산의 원리를 발견하고 규칙을 만들 수 있는 능력을 기르는 것이 〈생각하는 연산〉이 추구하는 교육입니다.

연산의 중요성은 아무리 강조해도 지나치지 않습니다. 연산은 이후에 펼쳐지는 수학의 맥락과 개념을 이해하는 기초이며 동시에 사고가 본질이자 핵심인 수학의 한 분야입니다. 이제 계산은 빠르고 정확해야 한다는 구시대적 고정관념에서 벗어나서, 아이가 혼자 생각하고 스스로 답을 찾아내도록 기다려 주세요. 처음엔 느린 듯하지만, 스스로 찾아낸 해답은 고등학교 수학 학습을 마무리할 때까지 흔들리지 않는 튼튼한 기반이 되어줄 겁니다. 그것이 느린 것처럼 보이지만 오히려 빠른 길임을 우리 어른들은 경험적으로 잘 알고 있습니다.

시험문제 풀이에서 빠른 계산이 필요하다는 주장은 수학에 대한 무지에서 비롯되었으니, 이에 현혹되는 선생님과 학생들이 더 이상 나오지 않았으면 하는 바람을 담아 〈생각하는 연산〉을 세상에 내놓았습니다. 인스턴트가 아닌 유기농 식품과 같다고나 할까요. 아무쪼록 산수가 아닌 수학을 배우고자 하는 아이들에게 〈생각하는 연산〉이 진정한 의미의 연산 학습 도우미가 되기를 바랍니다.

박영훈

박영훈 선생님의
**생각하는
초등연산**

이 책만의
**특징과
구성**

이 책만의
특징

01

'계산' 말고 '연산'!

수학을 잘하려면 '계산' 말고 '연산'을 잘해야 합니다. 많은 사람들이 오해하는 것처럼 빨리 정확히 계산하기 위해 연산을 배우는 것이 아닙니다. 연산은 수학의 구조와 원리를 이해하는 시작점입니다. 연산 학습에도 이해력, 문제해결능력, 추론능력이 핵심요소입니다. 계산을 빨리 정확하게 하기 위한 기능의 습득은 수학이 아니고, 연산 그 자체가 수학입니다. 그래서 〈생각하는 연산〉은 '계산'이 아니라 '연산'을 가르칩니다.

이 책만의
특징

02

스스로 원리를 발견하고, 개념을 확장하는 연산

다른 계산학습서와 다르지 않게 보인다고요? 제시된 절차를 외워 생각하지 않고 기계적으로 반복하여 빠른 답을 구하도록 강요하는 계산학습서와는 비교할 수 없습니다.

이 책으로 공부할 땐 절대로 문제 순서를 바꾸면 안 됩니다. 생각의 흐름에는 순서가 있고, 이 책의 문제 배열은 그 흐름에 맞추었기 때문이죠. 문제마다 깊은 의도가 숨어 있고, 앞의 문제는 다음 문제의 단서이기도 합니다. 순서대로 문제풀이를 하다보면 스스로 원리를 깨우쳐 자연스럽게 이해하고 개념을 확장할 수 있습니다. 인지학습심리학은 그래서 필요합니다. 1번부터 차례로 차근차근 풀게 해주세요.

게임처럼 재미있는 연산

게임도 결국 문제를 해결하는 것입니다. 시간 가는 줄 모르고 게임에 몰두하는 것은 재미있기 때문이죠. 왜 재미있을까요? 화면에 펼쳐진 게임 장면을 자신이 스스로 해결할 수 있다고 여겨 도전하고 성취감을 맛보기 때문입니다. 타고난 지적 호기심을 충족시킬 만큼 생각하게 만드는 것이죠. 그렇게 아이는 원래 생각할 수 있고 능동적으로 문제 해결을 좋아하는 지적인 존재입니다.

아이들이 연산공부를 하기 싫어하나요? 그것은 아이들 잘못이 아닙니다. 빠른 속도로 정확한 답을 위해 기계적인 반복을 강요하는 계산연습이 지루하고 재미없는 것은 당연합니다. 인지심리학을 토대로 구성한 〈생각하는 연산〉의 문제들은 게임과 같습니다. 한 문제 안에서도 조금씩 다른 변화를 넣어 호기심을 자극하고 생각하도록 하였습니다. 게임처럼 스스로 발견하는 재미를 만끽할 수 있는 연산 교육 프로그램입니다.

교사와 학부모를 위한 별책 지도서

이 문제를 통해 무엇을 가르치려 할까요? 문제와 문제 사이에는 어떤 연관이 있을까요? 아이는 이 문제를 해결하며 어떤 생각을 할까요? 교사와 학부모는 이 문제에서 어떤 것을 강조하고 아이의 어떤 반응을 기대할까요?

이 모든 질문에 대한 전문가의 답이 별책『왜 그런지 답해주는 교사용 지도서』에 들어 있습니다. 수학전공자가 아닌 학부모 혹은 교사가 전문가처럼 아이를 지도할 수 있는 안내 설명을 담았습니다. 아이가 문제를 해결할 때 읽는 별책 지도서도 흥미진진할 겁니다.

선생님을 가르치는 선생님, 박영훈!

이 책을 집필한 박영훈 선생님은 2만 명의 초등교사를 가르친 '선생님의 선생님'입니다. 180만 부라는 경이로운 판매를 기록한 베스트셀러『기적의 유아수학』의 저자이기도 합니다. 이 책은, 잘못된 연산 공부가 수학을 재미없는 학문으로 인식하게 하고 마침내 수포자를 만드는 현실에서, 연산의 참모습을 보여주고 진정한 의미의 연산학습 도우미가 되기를 바라는 마음으로, 12년간 현장의 선생님들과 함께 양팔을 걷어붙이고 심혈을 기울여 집필한 책입니다.

박영훈 선생님의
생각하는
초등연산

차례

머리말 —— 4

이 책만의 특징과 구성 —— 6

1

9까지의
수 감각

박영훈 선생님의
생각하는 초등연산

박영훈의 생각하는 연산이란?

✕ 계산 문제집과 『박영훈의 생각하는 연산』의 차이

	기존 계산 문제집	박영훈의 생각하는 연산
수학 vs. 산수	수학이 없다. 계산 기능만 있다.	연산도 수학이다. 생각해야 한다.
교육 vs. 훈련	교육이 없다. 훈련만 있다.	연산은 훈련이 아닌 교육이다.
교육원리 vs, 맹목적 반복	교육원리가 없다. 기계적인 반복 연습만 있다.	교육적 원리에 따라 사고를 자극하는 활동이 제시되어 있다.
사람 vs. 기계	사람이 없다. 싸구려 계산기로 만든다.	우리 아이는 생각할 수 있는 지적인 존재다.
한국인 필자 vs. 일본 계산문제집 모방	필자가 없다. 옛날 일본에서 수입된 학습지 형태 그대로이다.	수학교육 전문가와 초등교사들의 연구모임에서 집필했다.

➕ 계산문제집의 역사 ➗

초등학교에서 계산이 중시되었던 유래는 백여 년 전 일제 강점기로 거슬러 올라갑니다. 당시 일제의 교육목표는, 국민학교(당시 초등학교)를 졸업하자마자 상점이나 공장에서 취업할 수 있도록 간단한 계산능력을 기르는 것이었습니다.

이후 보통교육이 중등학교까지 확대되지만, 경쟁률이 높아지면서 시험을 위한 계산 기능이 강조될 수밖에 없었습니다. 이에 발맞추어 구몬과 같은 일본의 계산 문제집들이 수입되었고, 우리 아이들은 무한히 반복되는 기계적인 계산 훈련을 지금까지 강요당하게 된 것입니다. 빠르고 정확한 '계산'과 '수학'이 무관함에도 어른들의 무지로 인해 21세기인 지금도 계속되는 안타까운 현실이 아닐 수 없습니다.

이제는 이런 악습에서 벗어나 OECD 회원국의 자녀로 태어난 우리 아이들에게 계산 기능의 훈련이 아닌 수학으로서의 연산 교육을 제공해야 하지 않을까요?

9까지의 수 감각

1 일차   5까지의 수 (1) 직관적 수 세기

🖉 공부한 날짜   월   일

문제 1 | 물건 개수만큼 그려진 빗금에 ○를 표시하시오.

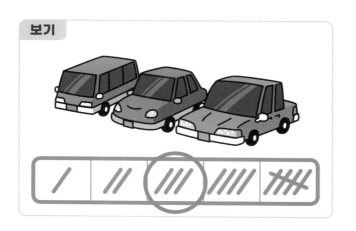

(1)

(2)

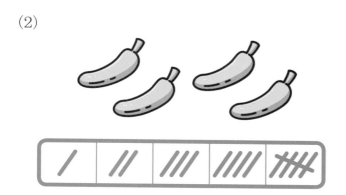

(3)

(4)

(5)

문제 2 | 같은 개수끼리 선으로 연결하시오.

(1)

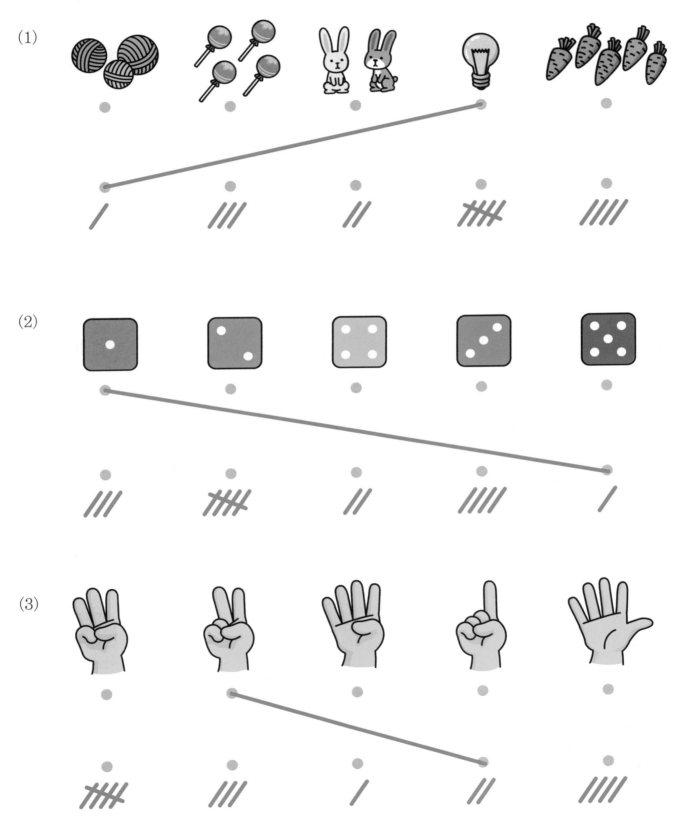

(2)

(3)

문제 3 │ 같은 개수끼리 선으로 연결하시오.

(1)

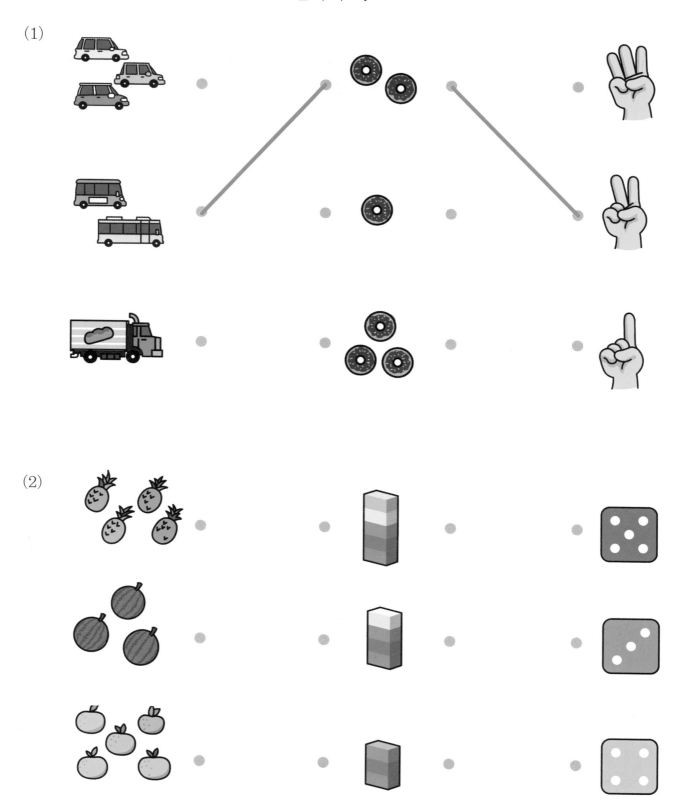

(2)

(3)

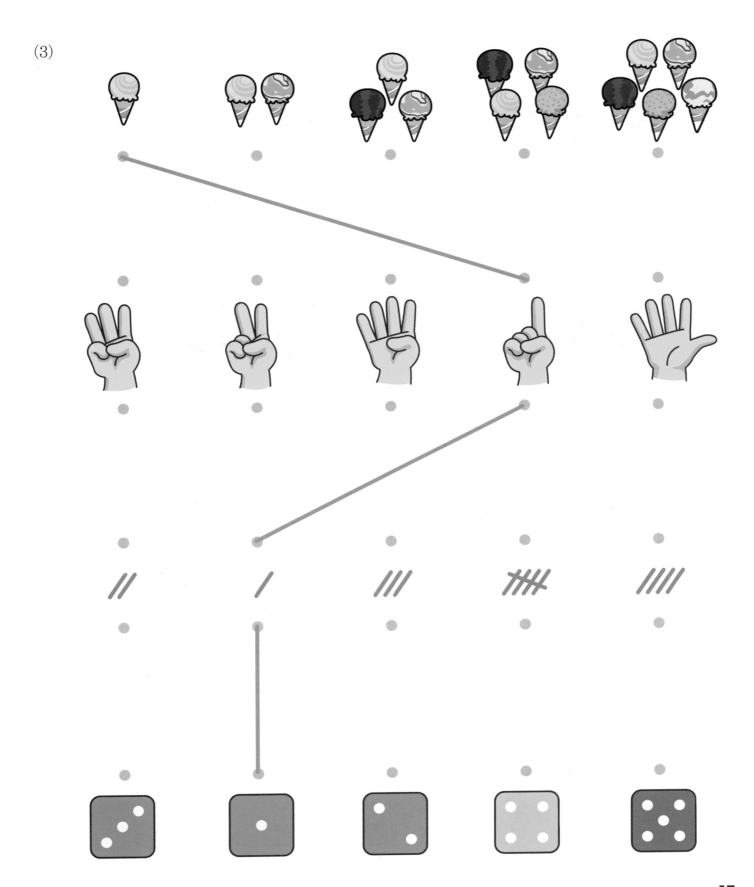

문제 4 | 개수만큼 빗금을 그으시오.

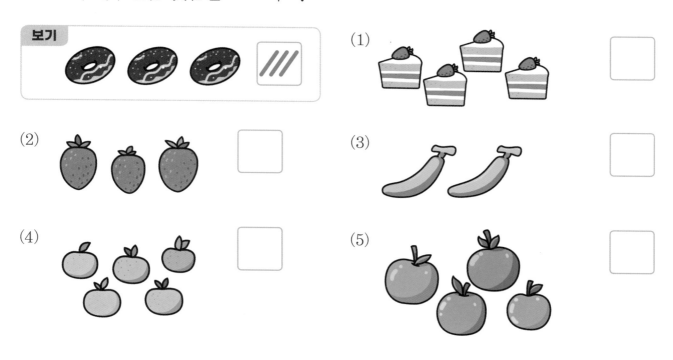

문제 5 | 숫자의 개수만큼 ○를 그려보세요.

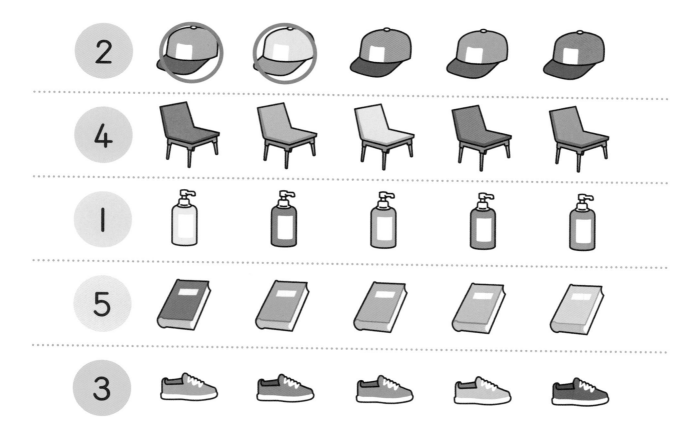

문제 6 | 개수를 세어 □ 안에 알맞은 수를 넣으시오.

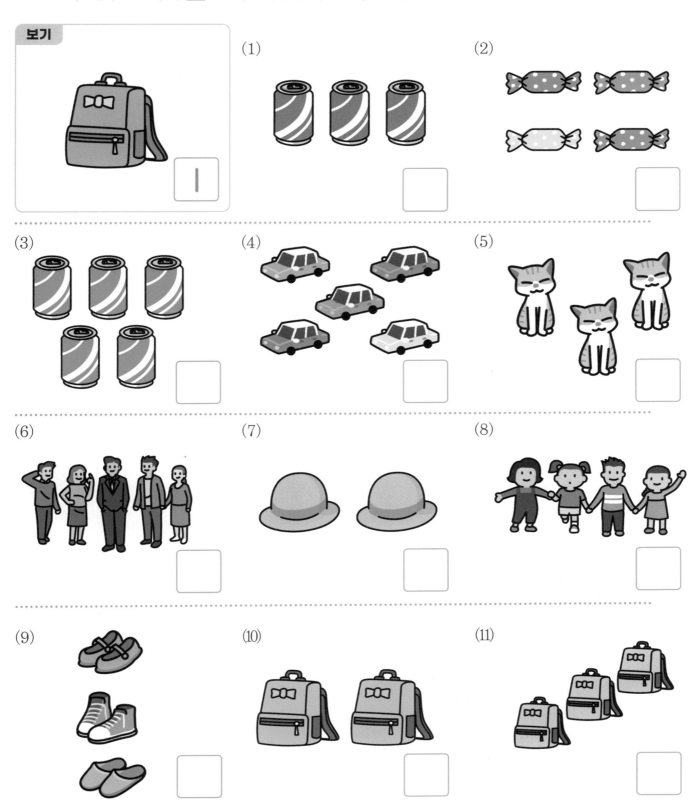

보기

(1)

(2)

(3)

(4)

(5)

(6)

(7)

(8)

(9)

(10)

(11)

5까지의 수 (2) 수 세기 단어

문제 1 | 물건의 개수를 세어 ☐ 안에 알맞은 수를 넣으시오.

(1)  ☐

(2) 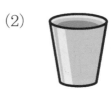 ☐

(3) ☐

(4) ☐

(5) ☐

(6) **다람쥐** ☐

(7) **토끼** ☐

(8) **양** ☐

(9) **강아지** ☐

(10) **고양이** ☐

문제 2 | 보기와 같이 ☐ 안에 알맞은 수와 글을 써넣으시오.

보기

진아네 집은
┌ 3 ┐
└ 삼 ┘ 층입니다.

(1)

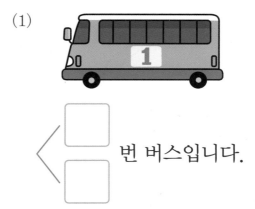

번 버스입니다.

(2)

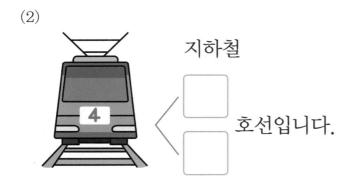

지하철

호선입니다.

(3)

월의

달력입니다.

(4)

자전거가 대

있습니다.

(5)

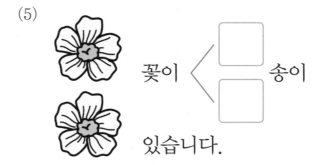

꽃이 송이

있습니다.

문제 3 | 표시된 숫자만큼 바구니에 ○를 그려 넣으시오.

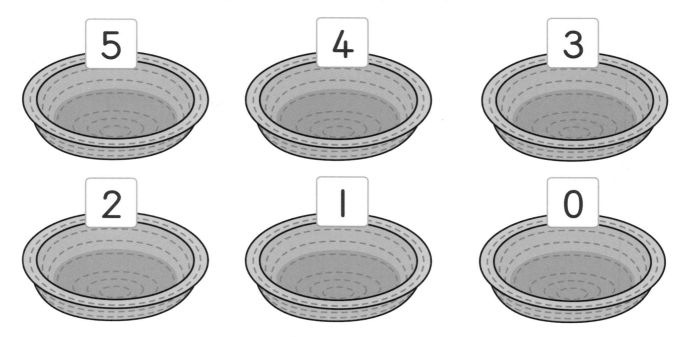

문제 4 | 빈 칸에 알맞은 수를 넣으세요.

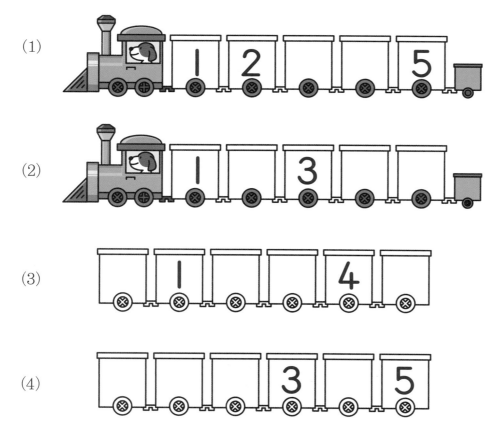

문제 5 | 보기와 같이 ☐ 안에 알맞은 수와 글을 써넣으시오.

보기

$$< \boxed{\begin{array}{c} 1 \\ \text{일} \end{array}}$$ 번 우리에 오리가 $$< \boxed{\begin{array}{c} 3 \\ \text{세} \end{array}}$$ 마리 있어요.

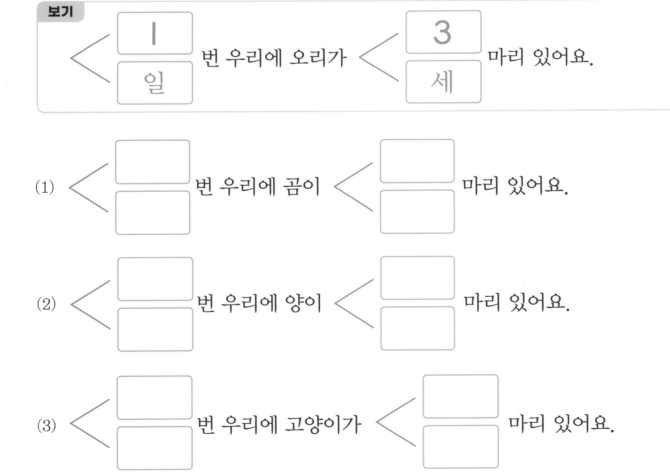

(1) $$< \boxed{}$$ 번 우리에 곰이 $$< \boxed{}$$ 마리 있어요.

(2) $$< \boxed{}$$ 번 우리에 양이 $$< \boxed{}$$ 마리 있어요.

(3) $$< \boxed{}$$ 번 우리에 고양이가 $$< \boxed{}$$ 마리 있어요.

문제 1 │ 보기와 같이 ☐ 안에 알맞은 수와 글을 써넣으시오.

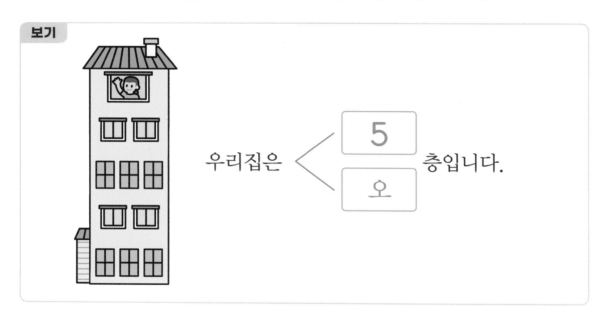

보기

우리집은 ⟨ 5 / 오 ⟩ 층입니다.

(1)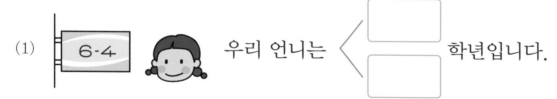

6·4　우리 언니는 ⟨ ☐ / ☐ ⟩ 학년입니다.

(2)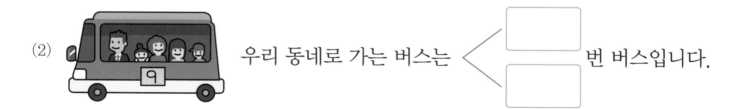

9　우리 동네로 가는 버스는 ⟨ ☐ / ☐ ⟩ 번 버스입니다.

(3)

08:00　나는 ⟨ ☐ / ☐ ⟩ 시에 학교에 갑니다.

(4)

꽃이 송이 있습니다.

(5)

쥬스가 컵 있습니다.

문제 2 | 순서에 맞게 빈 칸에 알맞은 수를 넣으시오.

(1)

(2)

(3)

문제 3 | 알맞는 위치에 선으로 연결하시오.

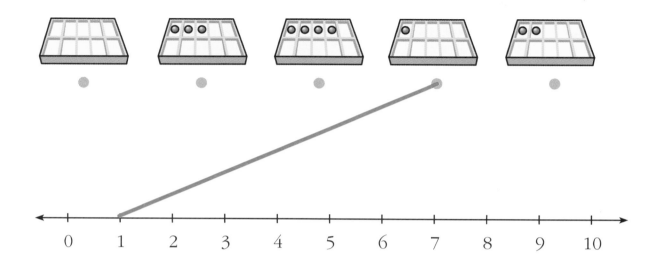

문제 4 | 보기와 같이 ☐ 안에 알맞은 수와 글을 써넣으시오.

보기

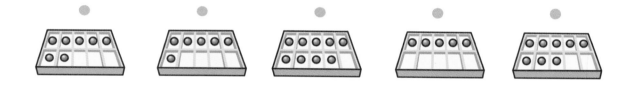

2

0 1 2 3 4 5 6 7 8 9 10

오른 쪽으로 한 칸 뛰면 2보다 1 큰 수 3 이 됩니다.

왼 쪽으로 한 칸 뛰면 2보다 1 작은 수 1 이 됩니다.

(1)

4

```
←──┼──┼──┼──┼──┼──┼──┼──┼──┼──┼──┼──→
   0  1  2  3  4  5  6  7  8  9  10
```

[   ] 쪽으로 한 칸 뛰면 4보다 1 큰 수 [   ] 가 됩니다.

[   ] 쪽으로 한 칸 뛰면 4보다 1 작은 수 [   ] 이 됩니다.

(2)

6

```
←──┼──┼──┼──┼──┼──┼──┼──┼──┼──┼──┼──→
   0  1  2  3  4  5  6  7  8  9  10
```

[   ] 쪽으로 한 칸 뛰면 6보다 1 큰 수 [   ] 이 됩니다.

[   ] 쪽으로 한 칸 뛰면 6보다 1 작은 수 [   ] 가 됩니다.

(3)

3

```
←──┼──┼──┼──┼──┼──┼──┼──┼──┼──┼──┼──→
   0  1  2  3  4  5  6  7  8  9  10
```

[   ] 쪽으로 한 칸 뛰면 3보다 1 큰 수 [   ] 가 됩니다.

[   ] 쪽으로 한 칸 뛰면 3보다 1 작은 수 [   ] 가 됩니다.

(4)

8

```
←——+——+——+——+——+——+——+——+——+——+——→
   0   1   2   3   4   5   6   7   8   9   10
```

[　] 쪽으로 한 칸 뛰면 8보다 1 큰 수 [　] 이 됩니다.

[　] 쪽으로 한 칸 뛰면 8보다 1 작은 수 [　] 이 됩니다.

(5)

5

```
←——+——+——+——+——+——+——+——+——+——+——→
   0   1   2   3   4   5   6   7   8   9   10
```

[　] 쪽으로 한 칸 뛰면 5보다 1 큰 수 [　] 이 됩니다.

[　] 쪽으로 한 칸 뛰면 5보다 1 작은 수 [　] 이 됩니다.

(6)

7

```
←——+——+——+——+——+——+——+——+——+——+——→
   0   1   2   3   4   5   6   7   8   9   10
```

[　] 쪽으로 한 칸 뛰면 7보다 1 큰 수 [　] 이 됩니다.

[　] 쪽으로 한 칸 뛰면 7보다 1 작은 수 [　] 이 됩니다.

(7)

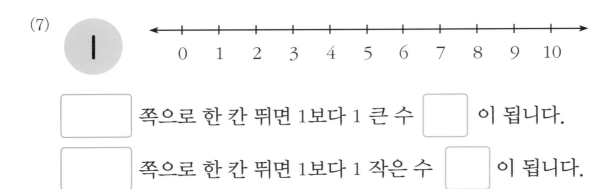

[ ] 쪽으로 한 칸 뛰면 1보다 1 큰 수 [ ] 이 됩니다.

[ ] 쪽으로 한 칸 뛰면 1보다 1 작은 수 [ ] 이 됩니다.

문제 5 | 그림을 보고 ☐ 안에 알맞은 수를 써넣으시오.

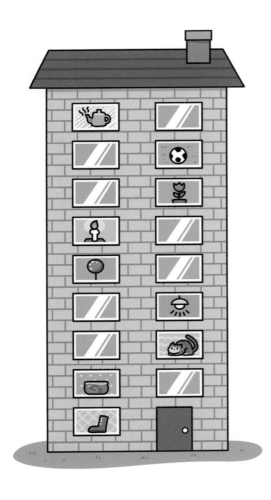

(1) 6층은 [ ] 층보다 1층 높습니다.

(2) 8층에서 1층 내려가면 [ ] 층입니다.

(3) 7층과 9층 사이에는 [ ] 층이 있습니다.

(4) 5층에서 2층 내려가면 [ ] 층입니다.

문제 6 | 보기와 같이 ☐ 안에 알맞은 순서를 써넣으시오.

보기

노란색 책은 아래에서 [두] 번째입니다.

(1)

빨간색 책은 위에서 [ ] 번째이고

아래에서 [ ] 번째 있습니다.

(2)

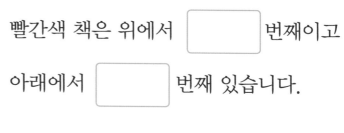

호랑이 책은 왼쪽에서 [ ] 번째이고

오른쪽에서 [ ] 번째 있습니다.

(3)

코끼리 책은 왼쪽에서 [ ] 번째이고

오른쪽에서 [ ] 번째 있습니다.

문제 7 | 보기와 같이 □ 안에 친구들의 위치를 써넣으시오.

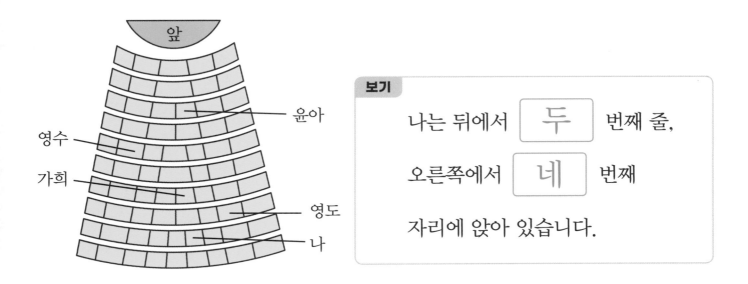

보기

나는 뒤에서 　두　 번째 줄,

오른쪽에서 　네　 번째

자리에 앉아 있습니다.

(1) 윤아는 앞에서 　　　 번째 줄,

　　왼쪽에서 　　　 번째 자리에 앉아 있습니다.

(2) 영수는 뒤에서 　　　 번째 줄,

　　오른쪽에서 　　　 번째 자리에 앉아 있습니다.

(3) 가희는 뒤에서 　　　 번째 줄,

　　왼쪽에서 　　　 번째 자리에 앉아 있습니다.

(4) 영도는 뒤에서 　　　 번째 줄,

　　왼쪽에서 　　　 번째 자리에 앉아 있습니다.

2

9까지의 수, 모으기와 가르기

✏️ 공부한 날짜   월   일

문제 1 | 보기와 같이 빈칸에 알맞은 수를 넣으시오.

보기
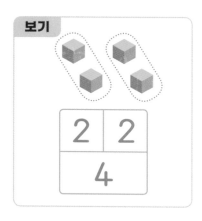

(1)
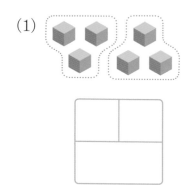

(2)
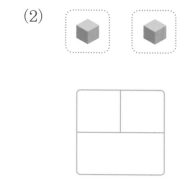

(3)
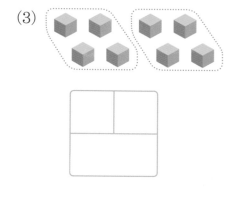

(4)
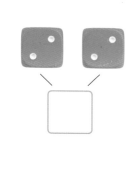

(5)
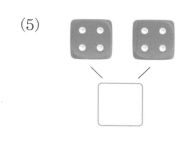

(6)
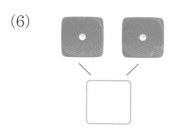

(7)
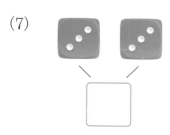

문제 2 | 보기와 같이 빈칸에 알맞은 수를 넣으시오.

보기

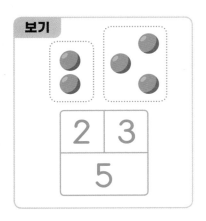

2	3
5	

(1)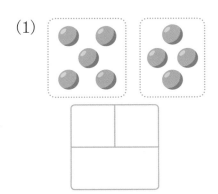

(2)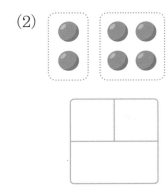

(3)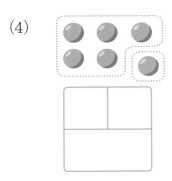

(4)

(5)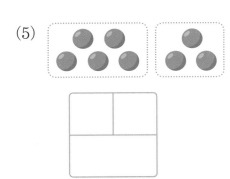

(6)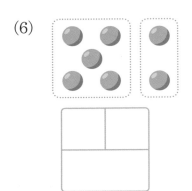

(7)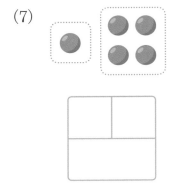

(8)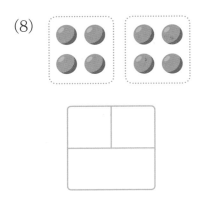

문제 3 | 보기와 같이 빈칸에 알맞은 수를 넣으시오.

보기
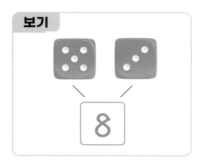

(1)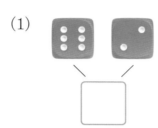

(2)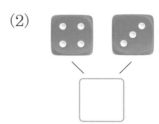

(3)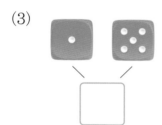

(4)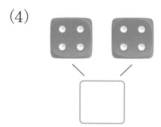

(5)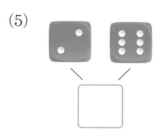

(6)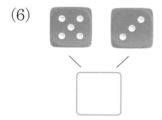

(7)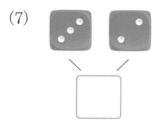

(8)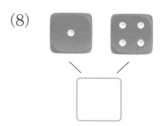

✏ 공부한 날짜   월   일

문제 1 | 빈칸에 알맞은 수를 넣으시오.

(1)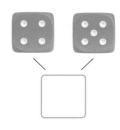

(2)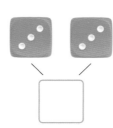

(3)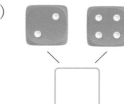

(4)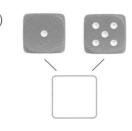

(5)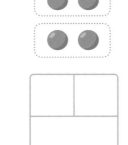

(6)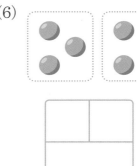

(7)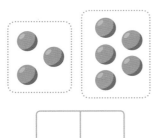

(8)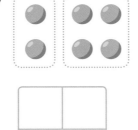

(9)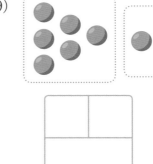

문제 2 | 보기와 같이 묶고 빈칸에 알맞은 수를 넣으시오.

보기

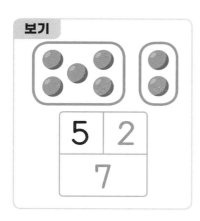

5	2
7	

(1)

5	

(2)

4	

(3)

5	

(4)

2	

(5)

4	

(6)

3	

(7)

2	

(8)

4	

문제 3 | 스스로 수구슬을 묶고 빈칸에 알맞은 수를 넣으시오.

(1)

(2)

(3)

(4)

(5)

(6)

(7)

(8)

(9)

✏ 공부한 날짜　　월　　일

문제 1 | 빈칸에 알맞은 수를 넣으시오.

(1)

5	

(2)

3	

(3)

4	

(4)

(5)

(6)

문제 2 | 보기와 같이 똑같은 수로 묶고 빈칸에 알맞은 수를 쓰세요.

보기

2	2
4	

(1)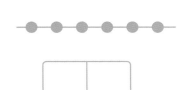

(2)

문제 3 | 보기와 같이 스스로 수구슬을 묶고 빈칸에 알맞은 수를 넣으시오.

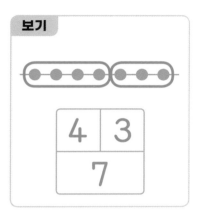

(1)

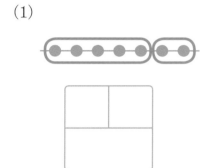

(2)

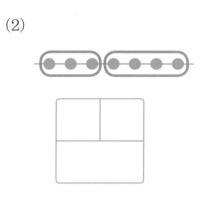

(3)

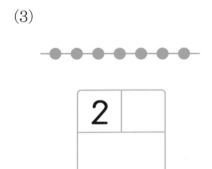

(4)

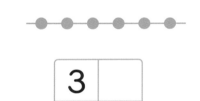

(5)

(6)

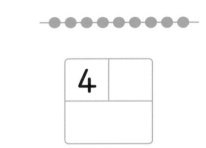

(7)

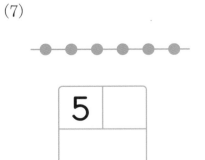

(8)

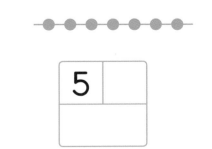

(9)

(10)

(11)

(12)

(13)

(14)

✎ 공부한 날짜   월   일

문제 1 | 빈칸에 알맞은 수를 넣으시오.

(1)

(2)

(3)

문제 2 | 보기와 같이 빈칸에 알맞은 수를 넣으시오.

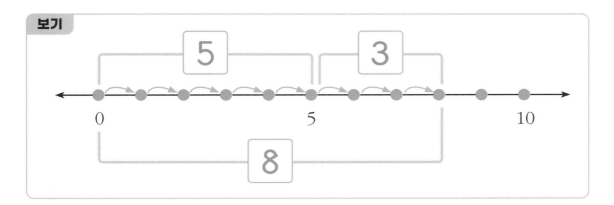

(1)

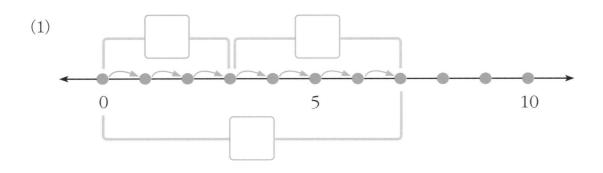

(2)

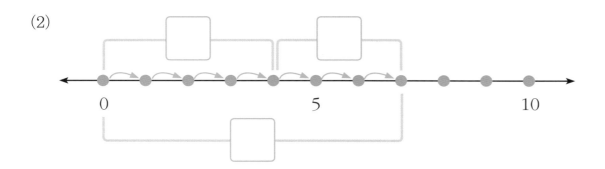

(3)

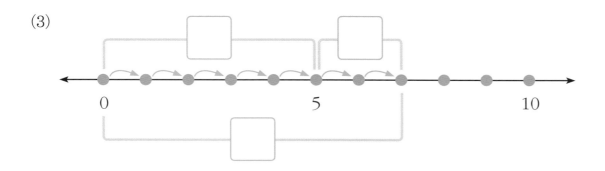

(4)

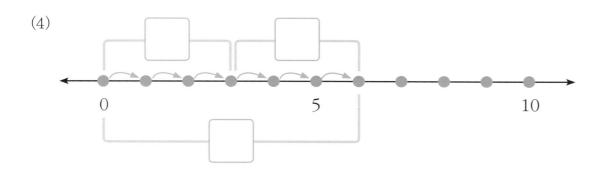

(5)

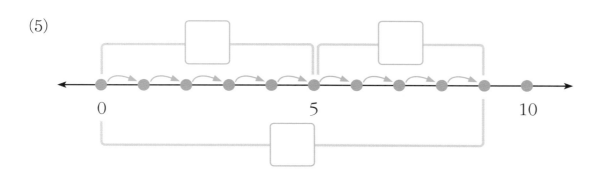

(6)

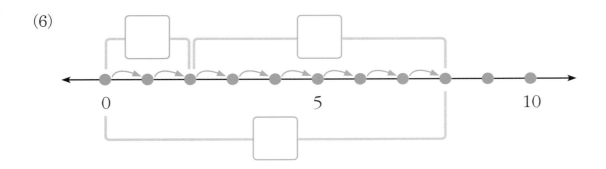

문제 3 | 보기와 같이 빈칸에 알맞은 수를 넣으시오.

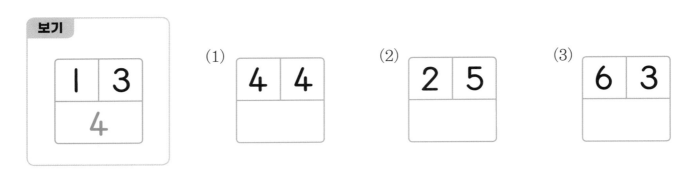

문제 4 | 보기와 같이 빈칸에 알맞은 수를 넣으시오.

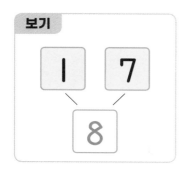

(1)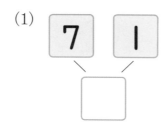

(2)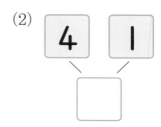

(3)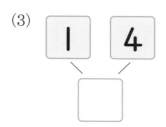

(4)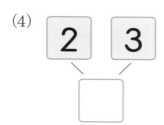

(5)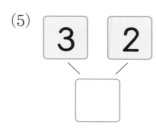

(6)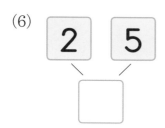

(7)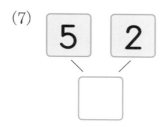

44

✎ 공부한 날짜 　 월 　 일

문제 1 | 빈칸에 알맞은 수를 넣으시오.

(1)

(2)

(3)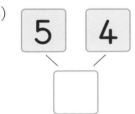

(4)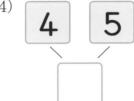

문제 2 | 보기와 같이 빈칸에 알맞은 수를 넣으시오.

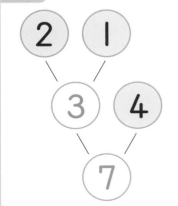

(1)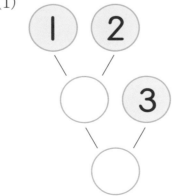

(2)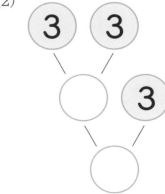

(3)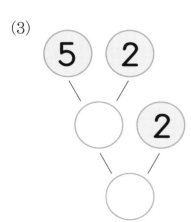

(4)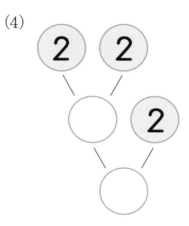

(5)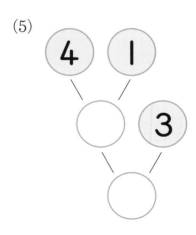

(6)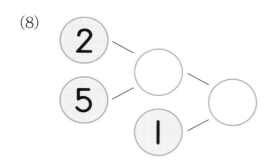

(7)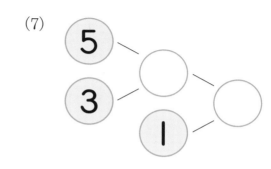

(8) 2 5 1

(9) 3 4 2

(10) 5 1 3

(11)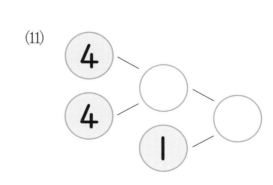

46

문제 3 | 보기와 같이 구슬을 묶고, 빈칸에 알맞은 수를 넣으시오.

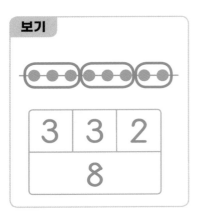

(1)
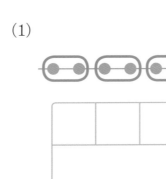

(2)
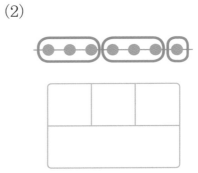

(3)

(4)
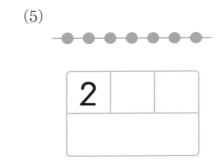

(5)

(6)
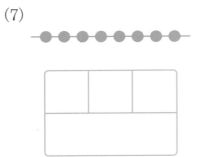

(7)
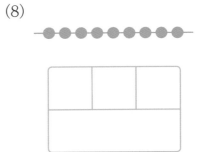

(8)

9까지의 세 수 모으기(2) 숫자로만 모으기

문제 1 | 스스로 묶고 빈칸에 알맞은 수를 넣으시오.

(1)

2		

(2)

4		

(3)

1		

(4)

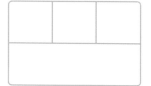

(5)

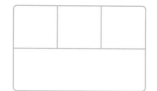

(6)

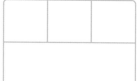

문제 2 | 빈칸에 알맞은 수를 넣으시오.

보기

1	2	3
6		

(1)

3	2	1

(2)

4	3	1

(3)

4	1	3

(4)

5	1	2

(5)

2	1	5

(6)

3	4	2

(7)

4	3	2

문제 3 | ☐ 안에 알맞은 수를 넣으시오.

(1)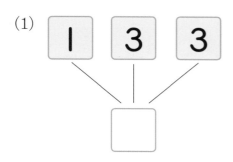

(2)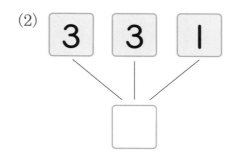

(3)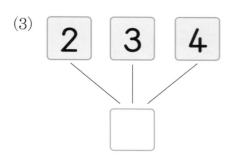

(4)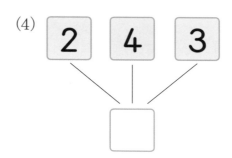

(5)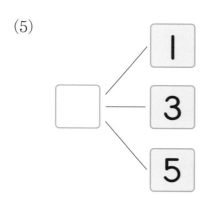

(6)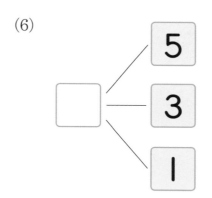

문제 1 | 빈칸에 알맞은 수를 넣으시오.

(1)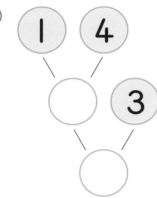

(2)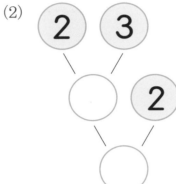

(3)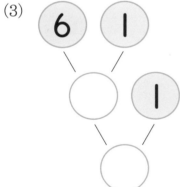

(4)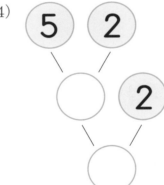

(5)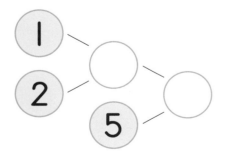

(6)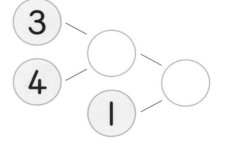

문제 2 | 수건에 덮여 있어 보이지 않는 크레파스와 구슬은 몇 개인가요?

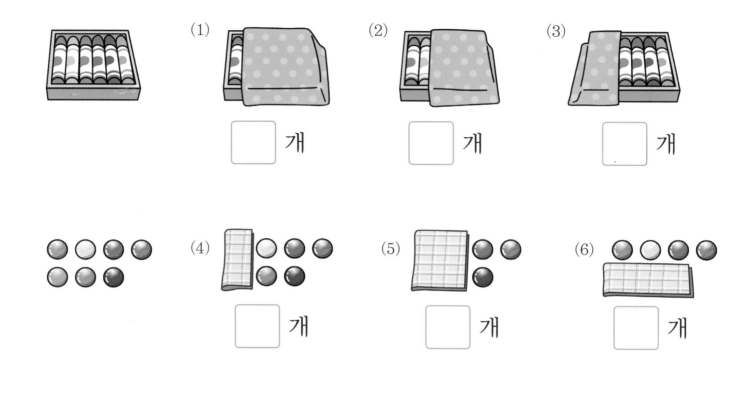

(1) ☐ 개

(2) ☐ 개

(3) ☐ 개

(4) ☐ 개

(5) ☐ 개

(6) ☐ 개

문제 3 | 보기와 같이 ☐ 안에 알맞은 수를 넣으시오.

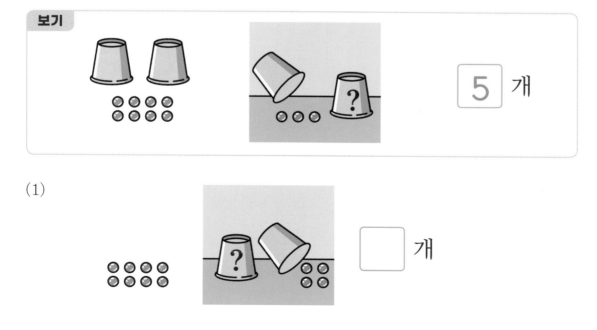

(2)

□ 개

(3)

□ 개

(4)

□ 개

(5)

□ 개

✏️ 공부한 날짜　　월　　일

문제 1 | 수건에 덮여 있어 보이지 않는 구슬은 몇 개인가요?

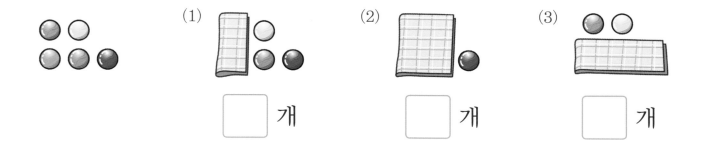

(1) ⬜ 개

(2) ⬜ 개

(3) ⬜ 개

문제 2 | 보기와 같이 ⬜ 안에 알맞은 주사위 눈을 그리시오.

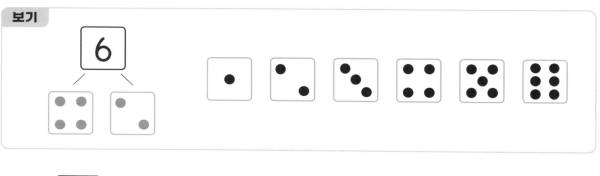

(1)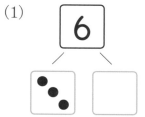

(2)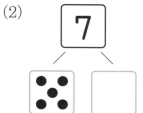

(3)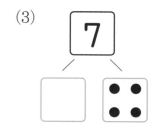

(4)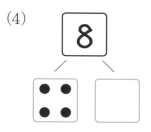

(5)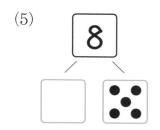

(6)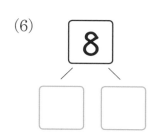

54

(7)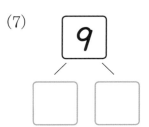

(8)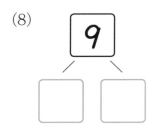

(9)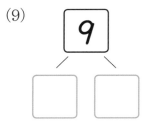

문제 3 | 보기와 같이 □ 안에 알맞은 수를 넣으시오.

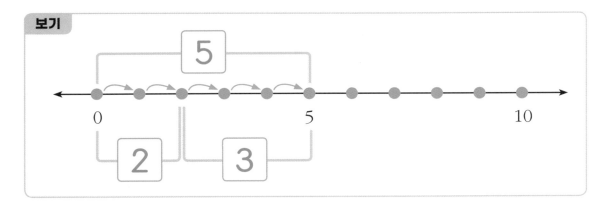

(1)

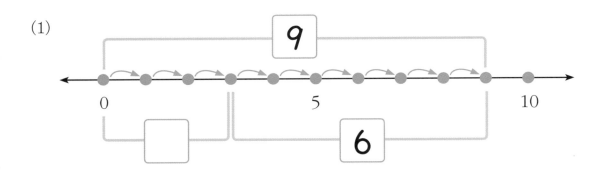

(2)

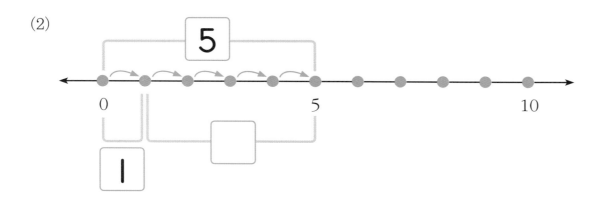

(3)

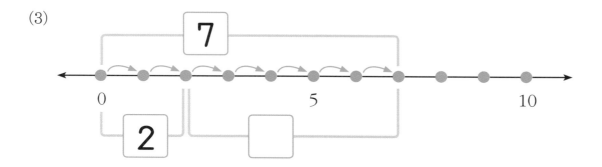

(4)

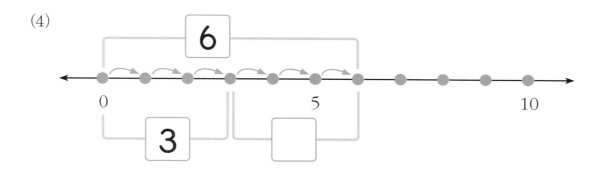

(5)

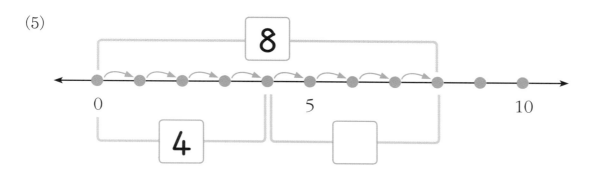

✏️ 공부한 날짜   월   일

문제 1 | ☐ 안에 알맞은 주사위 눈을 그리시오.

(1)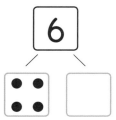

(2)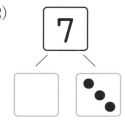

(3)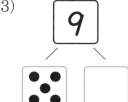

문제 2 | ☐ 안에 알맞은 수를 넣으시오.

(1)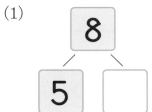

(2)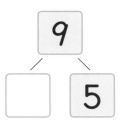

(3)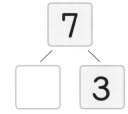

(4)

(5)

(6)

(7)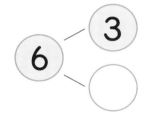

(8)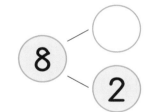

(9)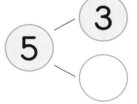

문제 3 | 보기와 같이 빈칸에 알맞은 수를 넣으시오.

5	1	2	3	4
	4	3	2	1

(1)

6			3		1
	1	2		4	

(2)

9	1		3	7	
		4			5

(3)

7	4	5			1
			3	2	

(4)

8	1		3		5		
		6		4		2	1

58

문제 4 | 잘못된 부분을 찾아 바르게 고치시오.

(1)

7	
4 ~~2~~	3
7	0
1	6
5	1
3	3
6	2

(2)

9	
9	0
3	5
2	6
1	8
7	2
6	1

(3)

8	
5	4
1	7
6	2
4	4
2	7
3	4

(4)

6	
1	5
3	3
2	5
5	0
6	0
4	3

✏ 공부한 날짜   월   일

문제 1 | 빈 칸에 알맞은 수를 넣으시오.

(1)

4	1		3
		2	

(2)

7		1				6
	5		3	2	4	

(3)

8	2			3	5		6
		4	7			1	

문제 2 | 빈 칸에 알맞은 수를 넣으시오.

(1)
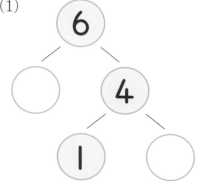

(2)
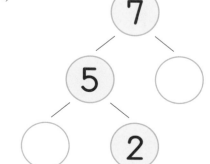

60

(3)

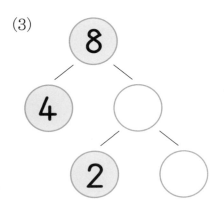

(4)

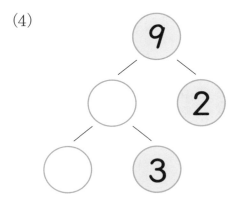

문제 3 | 컵으로 가려진 구슬은 몇 개인가요?

(1)

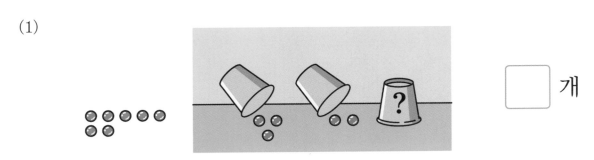

[   ] 개

(2)

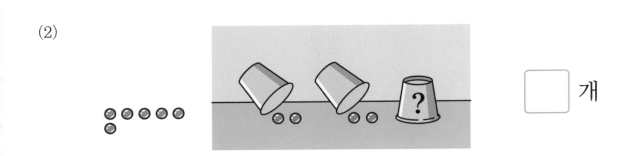

[   ] 개

(3) 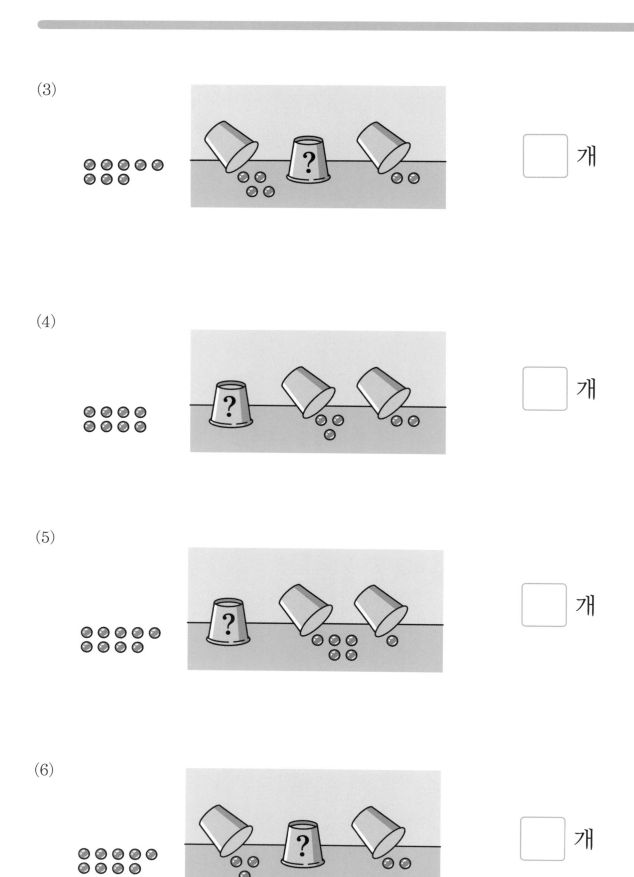 ☐ 개

(4) ☐ 개

(5) ☐ 개

(6) ☐ 개

62

문제 4 | 빈칸에 알맞은 수를 넣으시오.

(1)
7		
3	2	

(2)
9		
	2	4

(3)
6		
1		3

(4)
5		
1		1

(5)
8		
3	4	

(6)
9		
	3	2

(7) 6 — 2, 2, ○

(8) 9 — ○, 3, 3

(9) 7 — 2, ○, ○

(10) 8 — ○, ○, 2

(11) 8 — ○, 2, ○

(12) 9 — ○, 2, ○

모으기 가르기 연습(1) 두 수로 가르기

✏️ 공부한 날짜   월   일

문제 1 | 빈 칸에 알맞은 수를 넣으시오.

(1)
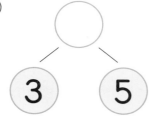

(2)
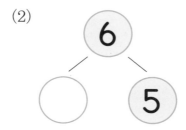

(3)
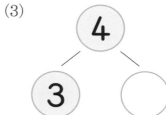

(4)
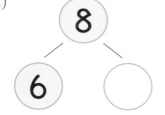

(5)
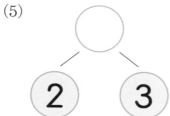

(6)
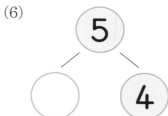

(7)
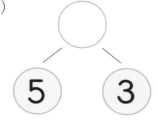

(8)
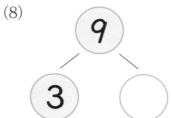

(9)
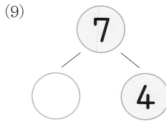

(10)
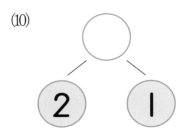

(11)
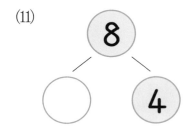

(12)
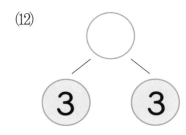

(13)
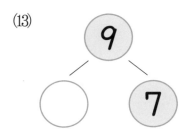

(14)
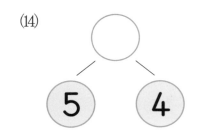

(15)
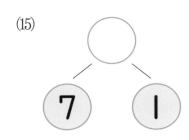

(16)
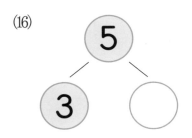

(17)
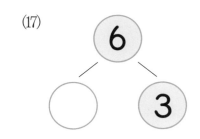

(18)
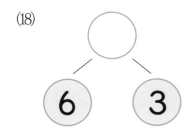

(19)
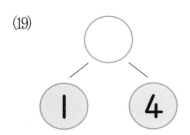

(20)
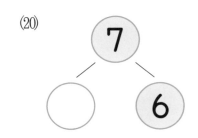

(21)
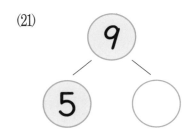

✏️ 공부한 날짜　　월　　일

문제1 | 빈 칸에 알맞은 수를 넣으시오.

(1)
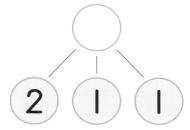

(2)
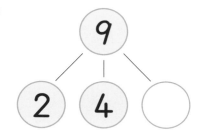

(3)
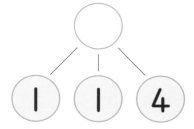

(4)
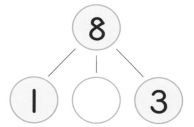

(5)
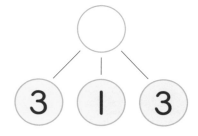

(6)
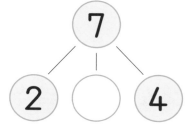

(7)
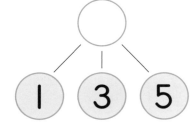

(8)
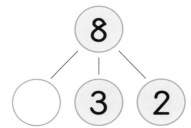

(9)
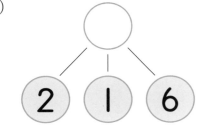

(10)
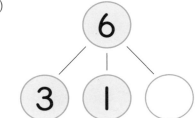

(11)
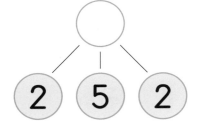

(12)
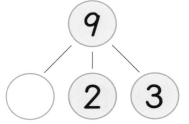

(13)
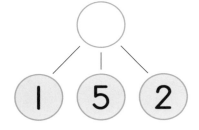

(14)
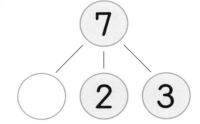

(15)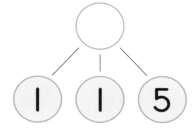

(16)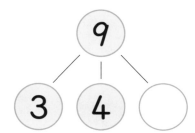

(17)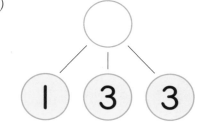

(18)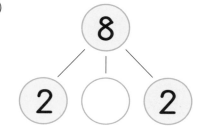

(19)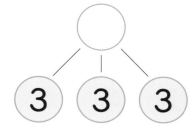

(20)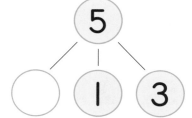

3 덧셈식과 뺄셈식

덧셈 기호 (+)와 뺄셈 기호 (-)

🖉 공부한 날짜   월   일

문제 1 | 보기와 같이 ☐ 안에 알맞은 기호를 넣으시오.

보기

$$5 \; \boxed{+} \; 3$$

$$5 \; \boxed{-} \; 2$$

(1)

$$4 \; \boxed{} \; 3$$

(2)

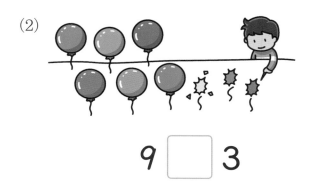

$$9 \; \boxed{} \; 3$$

(3)

$$5 \; \boxed{} \; 2$$

(4)

$$3 \; \boxed{} \; 4$$

(5)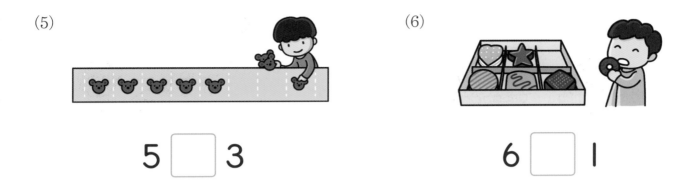

5 [ ] 3

(6)

6 [ ] 1

문제 2 | 보기와 같이 □ 안에 알맞은 수 또는 기호를 넣으시오.

보기

2 [+] 5

7 [−] 3

(1)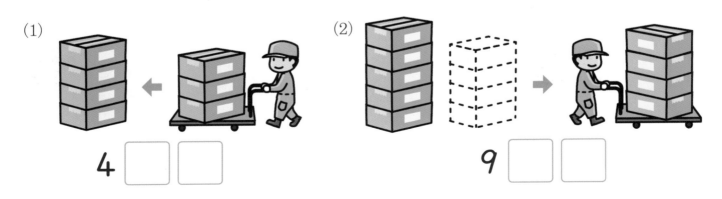

4 [ ] [ ]

(2)

9 [ ] [ ]

(3)

(4)

(5)

(6)

(7)

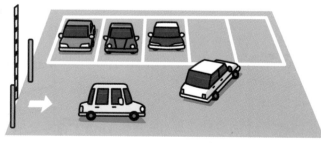

(8)

문제 3 | 보기와 같이 ☐ 안에 알맞은 수 또는 기호를 넣으시오.

보기

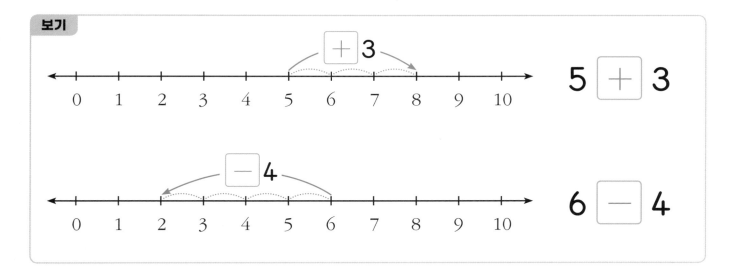

$5 \boxed{+} 3$

$6 \boxed{-} 4$

(1)

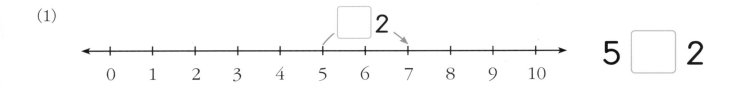

$5 \boxed{} 2$

(2)

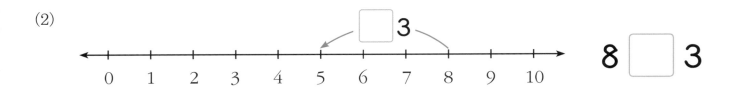

$8 \boxed{} 3$

(3)

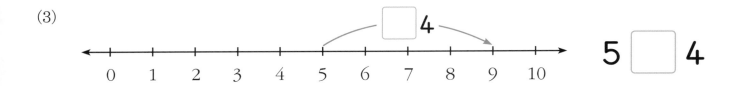

$5 \boxed{} 4$

(4)

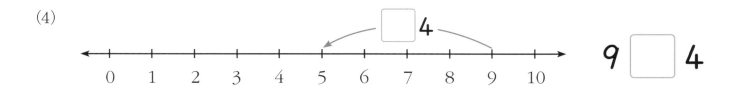

(5)

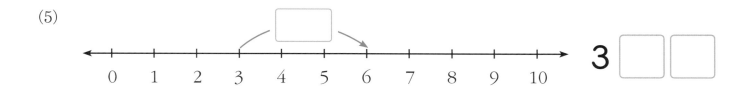

(6)

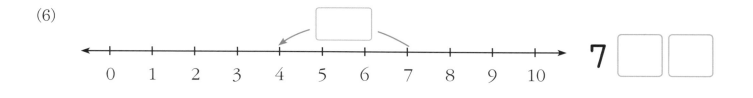

(7)

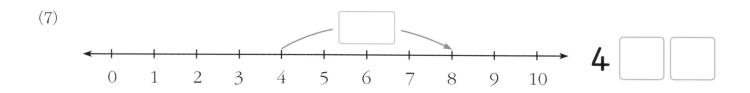

(8)

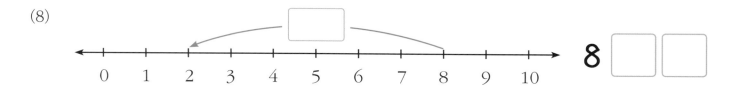

문제 1 | □ 안에 알맞은 수 또는 기호를 넣으시오.

(1)

[ ] [ ] [ ]

(2)

[ ] [ ] [ ]

(3)

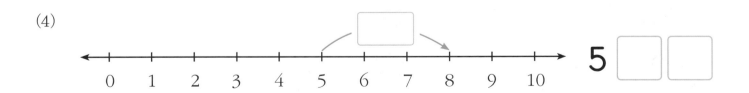

[ ] 4

8 [ ] 4

(4)

[ ]

5 [ ] [ ]

문제 2 | 보기와 같이 ☐ 안에 알맞은 수 또는 기호를 넣으시오.

(1)

(2)

(3)

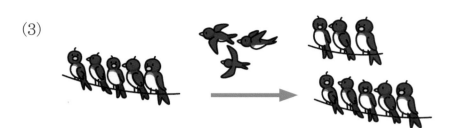

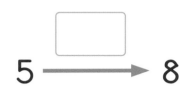

5 ⟶ 8

(4)

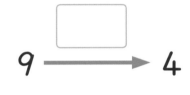

9 ⟶ 4

(5)

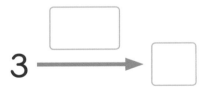

3 ⟶

(6)

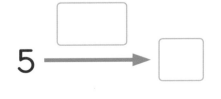

5 ⟶

문제 3 | 보기와 같이 빈칸을 채우시오.

보기

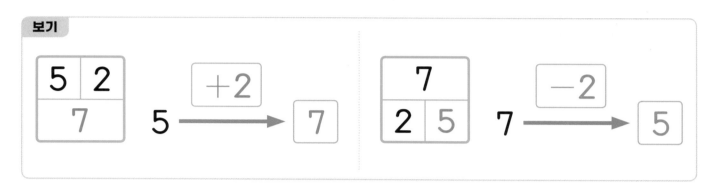

(1)

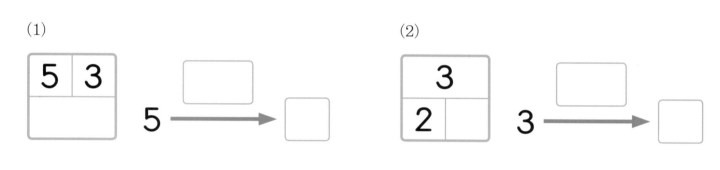

(2)

(3)

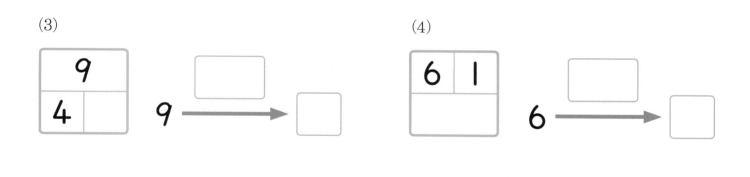

(4)

(5)

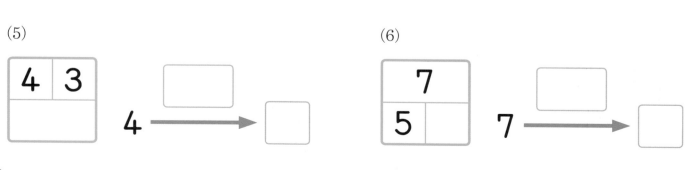

(6)

(7)

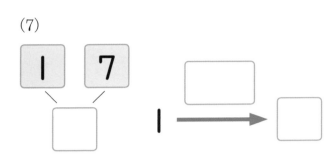

(8)

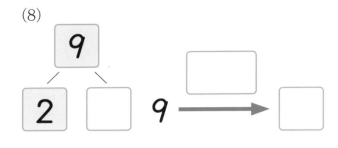

(9)

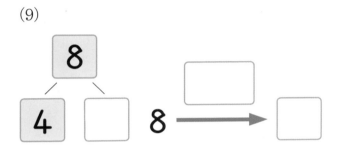

(10)

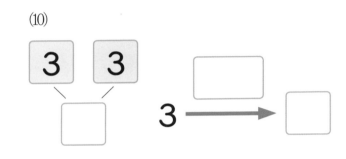

(11)

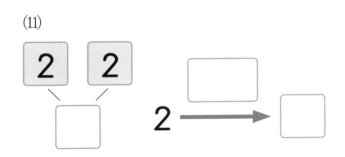

(12)

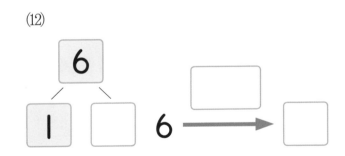

공부한 날짜   월   일

문제 1 | ☐ 안에 알맞은 수 또는 기호를 넣으시오.

(1)
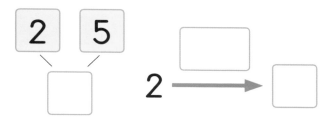

(2)
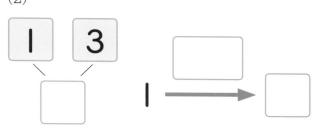

(3)
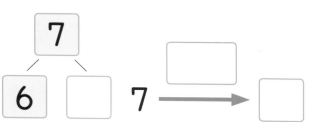

(4)

문제 2 | 보기와 같이 ☐ 안에 알맞은 수 또는 기호를 넣으시오.

보기

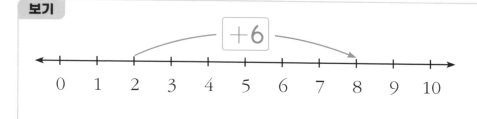

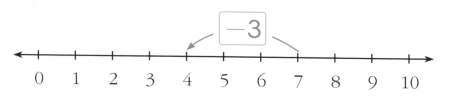

(1)
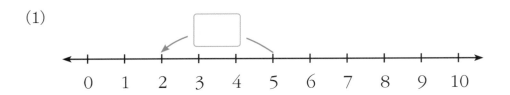
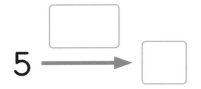

(2)
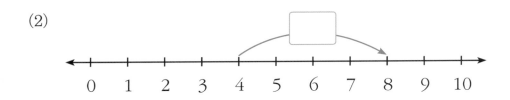

(3)
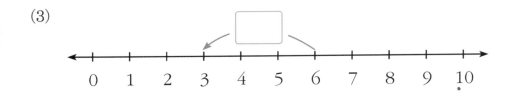
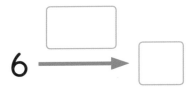

(4)
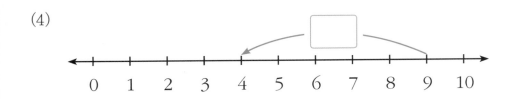
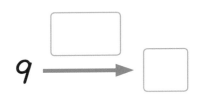

(5)
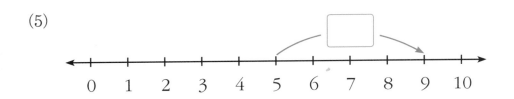

문제 3 | ☐ 안에 알맞은 수를 넣으시오.

(1) $2 \xrightarrow{+6} \boxed{}$

(2) $4 \xrightarrow{+2} \boxed{}$

(3) $6 \xrightarrow{-3} \boxed{}$

(4) $7 \xrightarrow{-1} \boxed{}$

(5) $2 \xrightarrow{+3} \boxed{}$

(6) $8 \xrightarrow{-6} \boxed{}$

(7) $5 \xrightarrow{+4} \boxed{}$

(8) $1 \xrightarrow{+5} \boxed{}$

문제 4 | 보기와 같이 ○ 안에 알맞은 기호를 넣으시오.

보기

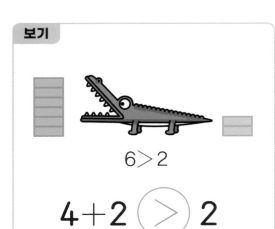

6>2

$4+2 \bigcirc{>} 2$

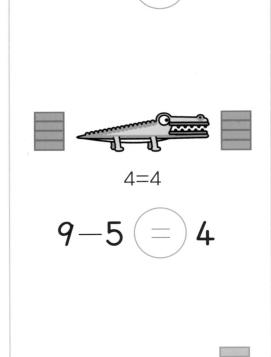

4=4

$9-5 \bigcirc{=} 4$

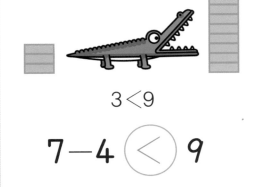

3<9

$7-4 \bigcirc{<} 9$

(1) $3+4 \bigcirc 7$

(2) $5+4 \bigcirc 6$

(3) $8-7 \bigcirc 1$

(4) $5-4 \bigcirc 3$

(5) $9-2 \bigcirc 5$

(6) $1+2 \bigcirc 3$

(7) $6-1 \bigcirc 6$

(8) $7+2 \bigcirc 7$

(9) $3+1 \bigcirc 9$

✏ 공부한 날짜   월   일

문제 1 | 보기와 같이 ○ 안에 알맞은 기호를 넣으시오.

보기

$$9-2 \enspace \textcircled{<} \enspace 9$$

(1)

$$2+3 \enspace \bigcirc \enspace 5$$

(2)

$$5+3 \enspace \bigcirc \enspace 5$$

(3)

$$4-1 \enspace \bigcirc \enspace 3$$

(4)

$$7+2 \enspace \bigcirc \enspace 9$$

(5)

$$8-4 \enspace \bigcirc \enspace 4$$

문제 2 | 보기와 같이 ☐ 안에 알맞은 수와 기호를 넣으시오.

보기

$$7=2 \enspace \boxed{+5}$$

$$2=7 \enspace \boxed{-5}$$

(1)

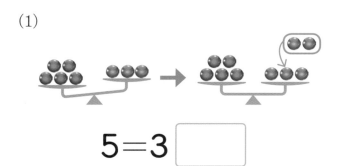

$5=3$ ☐

(2)

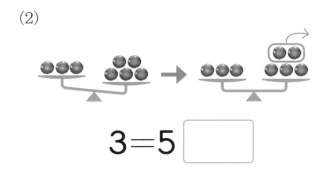

$3=5$ ☐

(3)

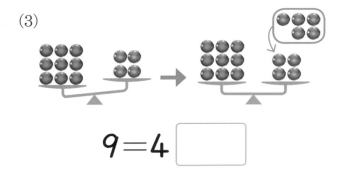

$9=4$ ☐

(4)

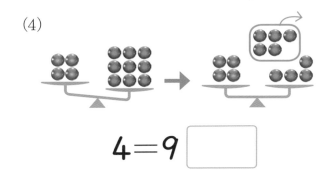

$4=9$ ☐

(5)

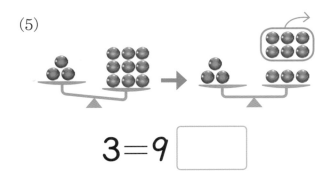

$3=9$ ☐

(6)

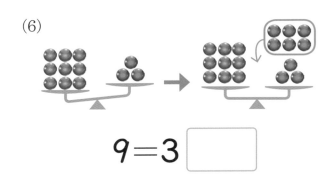

$9=3$ ☐

(7)

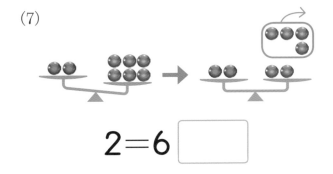

$2=6$ ☐

(8)

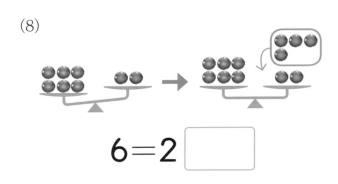

$6=2$ ☐

문제 3 | 보기와 같이 ☐ 안에 알맞은 수를 쓰고 덧셈식 또는 뺄셈식으로 나타내시오.

보기

$6 \xrightarrow{+2} \boxed{8}$ ➡ $\boxed{6+2=8}$

$5 \xrightarrow{-1} \boxed{4}$ ➡ $\boxed{5-1=4}$

(1) $5 \xrightarrow{+1} \boxed{}$ ➡

(2) $9 \xrightarrow{-3} \boxed{}$ ➡

(3) $7 \xrightarrow{-4} \boxed{}$ ➡

(4) $3 \xrightarrow{+2} \boxed{}$ ➡

(5) $2 \xrightarrow{+7} \boxed{}$ ➡

(6) 8 $\xrightarrow{-2}$ ☐ ➡ ☐

(7) 6 $\xrightarrow{-5}$ ☐ ➡ ☐

(8) 1 $\xrightarrow{+8}$ ☐ ➡ ☐

(9) 2 $\xrightarrow{+4}$ ☐ ➡ ☐

(10) 4 $\xrightarrow{-1}$ ☐ ➡ ☐

덧셈식과 뺄셈식(2)

✎ 공부한 날짜　　월　　일

문제 1 | ☐ 안에 알맞은 수와 식을 넣으시오.

(1)　$7 \xrightarrow{\ +1\ } \boxed{} \ \Rightarrow \boxed{}$

(2)　$4 \xrightarrow{\ +4\ } \boxed{} \ \Rightarrow \boxed{}$

(3)　$9 \xrightarrow{\ -7\ } \boxed{} \ \Rightarrow \boxed{}$

(4)　$8 \xrightarrow{\ -6\ } \boxed{} \ \Rightarrow \boxed{}$

문제 2 | 보기와 같이 ☐ 안에 알맞은 기호와 수를 넣고, 덧셈식 또는 뺄셈식으로 나타내시오.

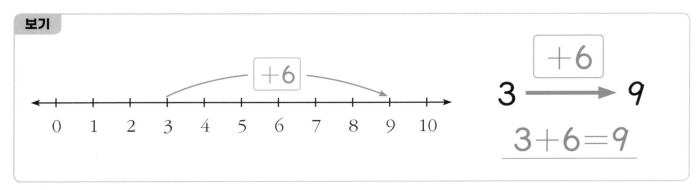

(1)

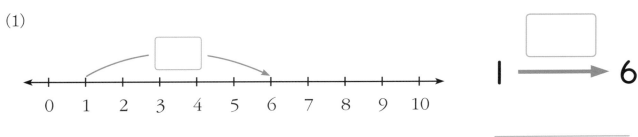

(2)

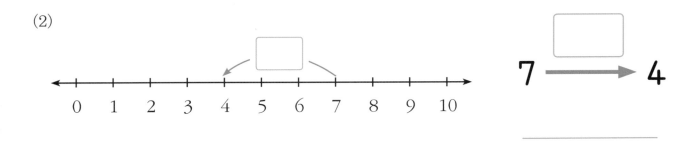

(3)

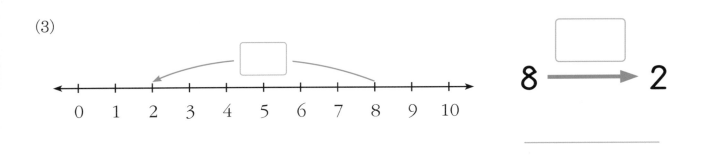

(4)

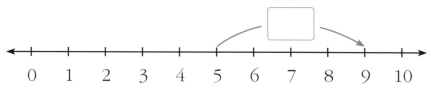

$$5 \longrightarrow 9$$

_____

(5)

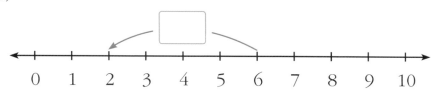

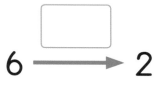

$$6 \longrightarrow 2$$

_____

(6)

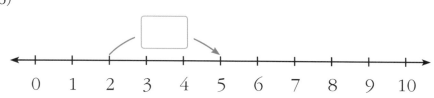

$$2 \longrightarrow 5$$

_____

문제 3 | 보기와 같이 빈칸을 채우고 덧셈식으로 나타내시오.

보기

```
  6
 4 2        4+2=6
```

```
 3 1
  4         3+1=4
```

---

(1)
```
 3 5
            _____
```

(2)
```

 5 2        _____
```

(3)
```

 2 7        _____
```

(4)
```
 3 6
            _____
```

(5)
```
 1 6
            _____
```

(6)
```

 8 1        _____
```

문제 4 | 보기와 같이 빈칸을 채우고 뺄셈식으로 나타내시오.

6	
2	4

6 − 2 = 4

3	1
4	

4 − 3 = 1

(1)

5	
3	

_____

(2)

1	
6	

_____

(3)

2	
3	

_____

(4)

8	
7	

_____

(5)

4	
1	

_____

(6)

2	
9	

_____

✏️ 공부한 날짜   월   일

문제 1 | 빈칸을 채우고 덧셈식이나 뺄셈식으로 나타내시오.

(1)

4	2

_____

(2)

3	
6	

_____

(3)

1	7

_____

(4)

4	
8	

_____

문제 2 | 보기와 같이 덧셈식과 뺄셈식으로 나타내시오.

> **보기**
>
>
>
> $5+1=6$ $6-1=5$
>
> $7+1=8$ $8-1=7$

(1)

_____   _____

93

(2) ●●●●●● ○○

(3) ●●●│○○○

(4) ●●●●●│○○○

(5) ●●│○○○○

(6) ●●●●│○○○○

(7) ●│○○○○○

(8) ●●●│○○○○○

(9) ●●│○○○○○○

(10) ●│○○○○○○○

문제 3 | 보기와 같이 수직선을 보고 덧셈식이나 뺄셈식으로 나타내시오.

보기

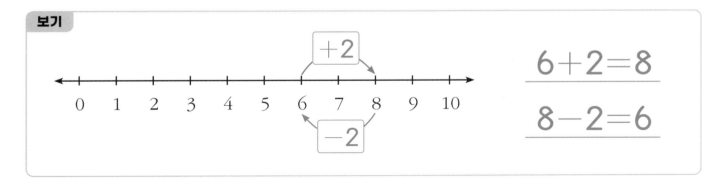

$$6+2=8$$
$$8-2=6$$

(1)

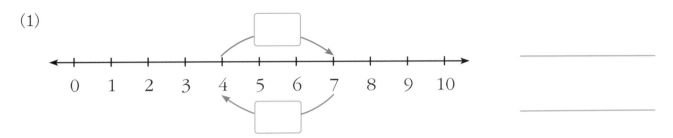

(2)

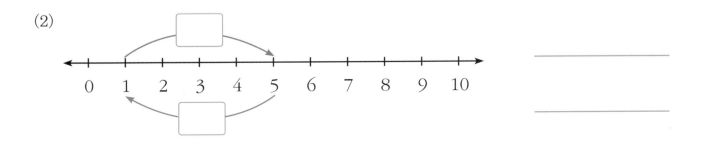

(3)

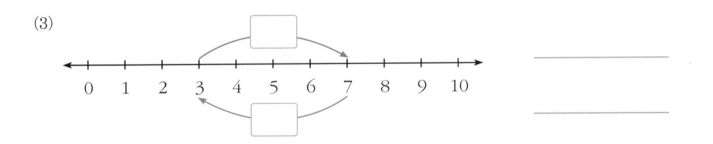

(4)

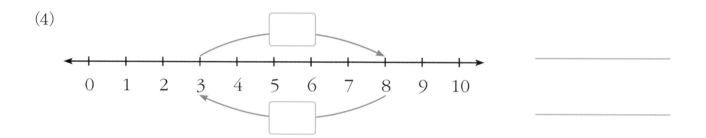

(5)

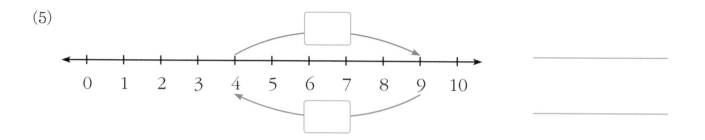

✎ 공부한 날짜　　월　　일

문제 1 | 수직선을 보고 덧셈식이나 뺄셈식으로 나타내시오.

(1)

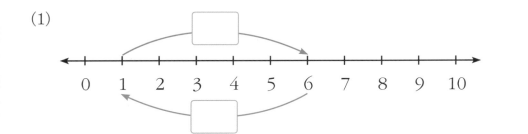

_____

_____

(2)

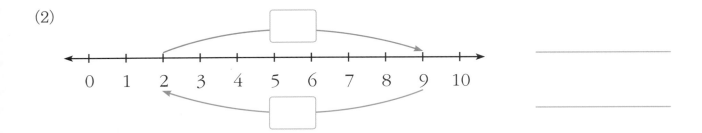

_____

_____

문제 2 | 보기와 같이 덧셈식과 뺄셈식으로 나타내시오.

보기

$6+1=7$　　$7-1=6$

$8+1=9$　　$9-1=8$

(1)

_____

_____

(2) ⬤⬤⬤⬤⬤⬤⬤○○ _____ _____

(3) ⬤⬤⬤⬤○○○ _____ _____

(4) ⬤⬤⬤⬤⬤⬤○○○ _____ _____

(5) ⬤⬤⬤○○○○ _____ _____

(6) ⬤⬤⬤⬤⬤○○○○ _____ _____

(7) ⬤⬤○○○○○ _____ _____

(8) ⬤⬤⬤⬤○○○○○ _____ _____

(9) ⬤○○○○○○ _____ _____

(10) ⬤⬤⬤○○○○○○ _____ _____

(11) ⬤⬤○○○○○○○ _____ _____

문제 3 | 덧셈식으로 나타내고, 주사위 눈을 더한 수가 같은 것끼리 선으로 연결하시오.

_____   ●   ●   _____

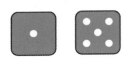

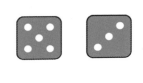

_____   ●   ●   _____

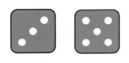

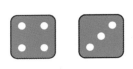

_____   ●   ●   _____

_____   ●   ●   _____

문제 4 | 덧셈식으로 나타내고, 구슬을 더한 수가 같은 것끼리 선으로 연결하시오.

●   ●

_____   _____

●   ●

_____   _____

●   ●

_____   _____

●   ●

_____   _____

한자리수의 덧셈과 뺄셈 연습 (1)

✏️ 공부한 날짜   월   일

문제 1 | 보기와 같이 ☐ 안에 알맞은 수를 넣으시오.

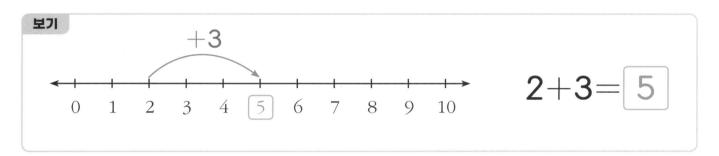

보기

$2+3=\boxed{5}$

(1) $3+2=\boxed{}$

(2) $1+4=\boxed{}$

(3) $4+5=\boxed{}$

(4) $5+3=\boxed{}$

(5) $1+8=\boxed{}$

(6) $6+2=\boxed{}$

문제 2 | 직접 채점을 하고, 틀린 답을 바르게 고치시오.

(1) $2+1=\cancel{4}\;3$

(2) $6+2=8$

(3) $5+2=3$

(4) $4+4=8$

(5) $3+5=3$

(6) $2+5=7$

문제 3 | 보기와 같이 ☐ 안에 알맞은 수를 넣으시오.

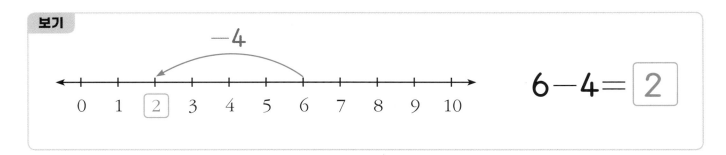

보기

$$6-4=\boxed{2}$$

(1) $6-5=\boxed{}$

(2) $7-4=\boxed{}$

(3) $4-3=\boxed{}$

(4) $5-2=\boxed{}$

(5) $9-7=\boxed{}$

(6) $8-6=\boxed{}$

문제 4 | 직접 채점을 하고, 틀린 답을 바르게 고치시오.

(1) $9-4=\cancel{3}\;5$

(2) $6-3=3$

(3) $7-2=9$

(4) $4-2=6$

(5) $5-3=2$

(6) $9-6=7$

한 자리수의 덧셈과 뺄셈 연습(2)

✏️ 공부한 날짜   월   일

문제 1 | 다음을 계산하시오.

(1) $7+2=$ ☐

(2) $4+4=$ ☐

(3) $2+5=$ ☐

(4) $8+1=$ ☐

(5) $3+3=$ ☐

(6) $5+4=$ ☐

(7) $1+6=$ ☐

(8) $3+4=$ ☐

(9) $6+3=$ ☐

(10) $2+2=$ ☐

문제 2 | 직접 채점을 하고, 틀린 답을 바르게 고치시오.

(1) $3+4=$ 6̶ 7

(2) $4+5=$ 9 ⭕

(3) $5+2=$ 3

(4) $2+5=$ 7

(5) $1+2=$ 3

(6) $4+5=$ 8

(7) $6 + 3 = 6$

(8) $5 + 4 = 4$

(9) $5 + 2 = 7$

(10) $4 + 2 = 2$

(11) $1 + 1 = 2$

(12) $8 + 1 = 8$

문제 3 | 보기와 같이 덧셈을 하시오.

보기

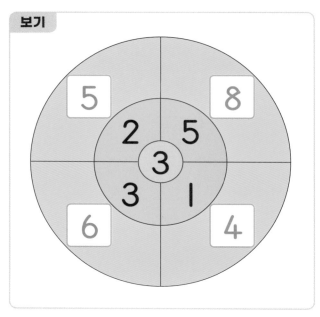

(1)

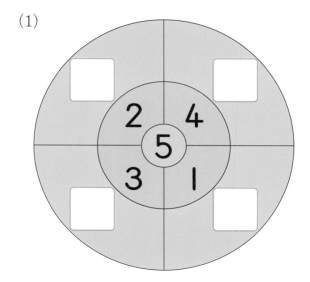

(2)

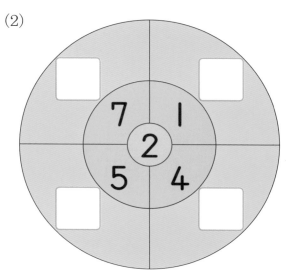

(3)

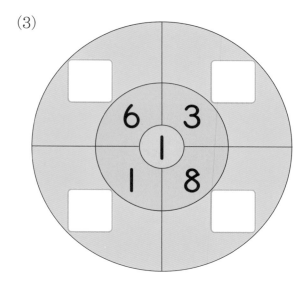

(4)
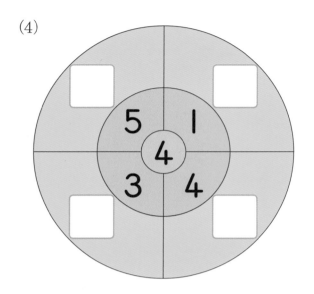

(5)
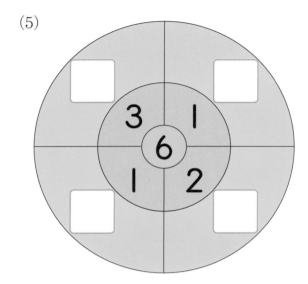

✎ 공부한 날짜 　 월 　 일

문제 1 | 다음을 계산하시오.

(1) $7 - 2 =$ ☐

(2) $8 - 3 =$ ☐

(3) $4 - 1 =$ ☐

(4) $6 - 2 =$ ☐

(5) $8 - 5 =$ ☐

(6) $5 - 4 =$ ☐

(7) $9 - 2 =$ ☐

(8) $6 - 3 =$ ☐

(9) $5 - 1 =$ ☐

(10) $9 - 5 =$ ☐

문제 2 | 직접 채점을 하고, 틀린 답을 바르게 고치시오.

(1) $4 - 3 = \cancel{2}\, 1$

(2) $5 - 2 = 3$

(3) $9 - 2 = 8$

(4) $9 - 1 = 8$

(5) $4 - 2 = 2$

(6) $6 - 1 = 7$

(7) $6-5=1$　　(8) $7-4=4$　　(9) $9-3=6$

(10) $5-1=6$　　(11) $2-1=3$　　(12) $9-2=7$

문제 3 | 보기와 같이 뺄셈을 하시오.

보기

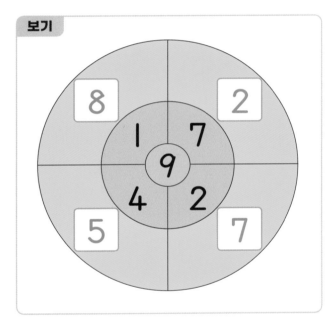

(1)

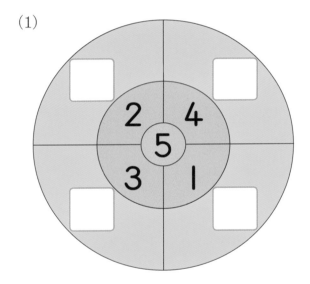

(2)

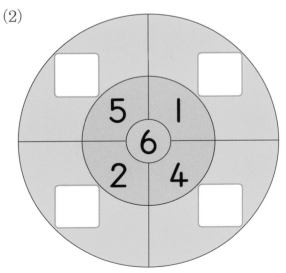

(3)

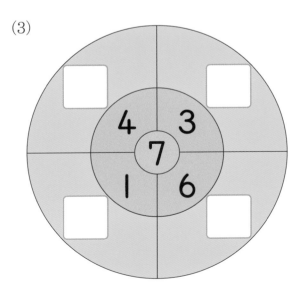

(4)

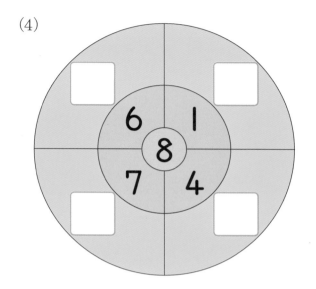

(5)

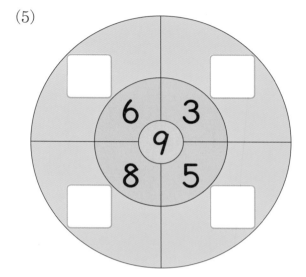

✏️ 공부한 날짜   월   일

문제 1 | 더해서 10이 되도록 카드를 연결하시오.

1			2

4			9

8			6

5			8

3			7

2			5

문제 2 | 보기와 같이 10이 되는 덧셈식으로 나타내시오.

$$8+2=10$$

(1)

_____

(2)

_____

(3)

_____

(4)

_____   _____

(5)

_____   _____

(6)

_____   _____

(7)

_____   _____

(8)

_____   _____

(9)

_____   _____

✏ 공부한 날짜   월   일

문제 1 | 더해서 10이 되도록 카드를 연결하시오.

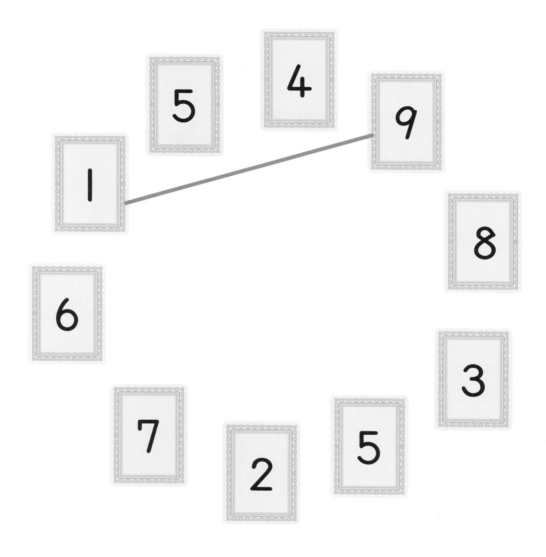

문제 2 | 보기와 같이 10이 되는 덧셈식으로 나타내시오.

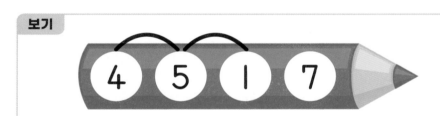

$$4+5+1=10$$

(1)

_____

(2)

_____

(3)

_____

(4)

_____

(5)

_____

문제 3 | 보기와 같이 둘 또는 세 개의 수를 더하여 10이 되는 덧셈식으로 나타내시오.

보기

(1)

(2)

(3)

(4)

(5)

| 5 | 2 | 5 | 3 |

➡

_____

_____

(6)

| 4 | 4 | 8 | 2 |

➡

_____

_____

(7)

| 2 | 7 | 3 | 5 |

➡

_____

_____

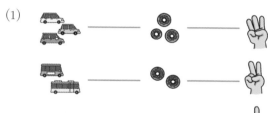 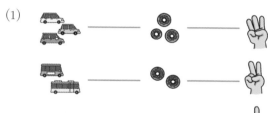
1 9까지의 **수 감각**

1일차 (12쪽~17쪽)

문제 1 | (1) 卌 (2) //// (3) // (4) 卌 (5) ///

문제 2

(1) 왼쪽부터 /// //// // / 卌

(2) 왼쪽부터 / // /// //// 卌

(3) 왼쪽부터 /// // //// / 卌

문제 3

(1)

(2)

(3)
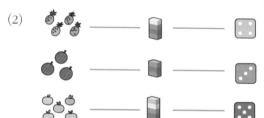

문제 4 | (1) //// (2) /// (3) // (4) 卌 (5) ////

문제 5

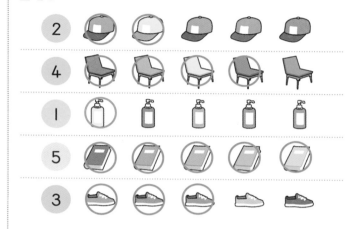

문제 6

(1) 3　　(2) 4　　(3) 5　　(4) 5　　(5) 3

(6) 5　　(7) 2　　(8) 4　　(9) 3　　(10) 2　　(11) 3

2일차 (18쪽~21쪽)

문제 1 | (1) 1　　(2) 3　　(3) 5　　(4) 2　　(5) 4

　　　　 (6) 1　　(7) 3　　(8) 2　　(9) 4　　(10) 5

문제 2 | (1) 1, 일 (2) 4, 사 (3) 5, 오

　　　　 (4) 4, 네 (5) 2, 두

문제 3

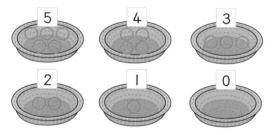

문제 4 | (1) 3, 4 (2) 2, 4, 5

　　　　 (3) 0, 2, 3, 5 (4) 0, 1, 2, 4

문제 5 | (1) 4, 사, 3, 세 (2) 3, 삼, 4, 네

　　　　 (3) 2, 이, 5, 다섯

문제 1 | (1) 6, 육　　(2) 9, 구　　(3) 8, 여덟
　　　　 (4) 2, 두　　(5) 3, 세

문제 2 | (1) 4, 6, 7　　　(2) 0, 1, 2, 3, 4, 5, 6
　　　　 (3) 0, 1, 2, 3, 4, 5, 6, 7, 8

문제 3 | (위쪽) 0, 3, 4, 1, 2 (아래) 7, 6, 9, 5, 8

문제 4 | (1) 오른, 5, 왼, 3　　(2) 오른, 7, 왼, 5
　　　　 (3) 오른, 4, 왼, 2　　(4) 오른, 9, 왼, 7
　　　　 (5) 오른, 6, 왼, 4　　(6) 오른, 8, 왼, 6
　　　　 (7) 오른, 2, 왼, 0

문제 5 | (1) 5　　(2) 7　　(3) 8　　(4) 3

문제 6 | (1) 세, 네　　(2) 여섯, 세　　(3) 세, 여섯

문제 7 | (1) 세, 네　　(2) 여섯, 여섯　　(3) 네, 다섯
　　　　 (4) 세, 일곱

2 9까지의 수, **모으기와 가르기**

문제 1 | (1) 3, 3, 6　　(2) 1, 1, 2　　(3) 4, 4, 8
　　　　 (4) 4　　(5) 8　　(6) 2　　(7) 6

문제 2 | (1) 5, 4, 9　　(2) 2, 4, 6　　(3) 3, 4, 7
　　　　 (4) 5, 1, 6　　(5) 5, 3, 8　　(6) 5, 2, 7
　　　　 (7) 1, 4, 5　　(8) 4, 4, 8

문제 3 | (1) 8　　(2) 7　　(3) 6　　(4) 8
　　　　 (5) 8　　(6) 8　　(7) 5　　(8) 5

문제 1 | (1) 9　　(2) 6　　(3) 6　　(4) 6
　　　　 (5) 2, 2, 4　　(6) 3, 2, 5　　(7) 3, 5, 8
　　　　 (8) 2, 4, 6　　(9) 6, 1, 7

문제 2 | (1) 3, 8　　(2) 4, 8　　(3) 4, 9　　(4) 4, 6
　　　　 (5) 3, 7　　(6) 3, 6　　(7) 5, 7　　(8) 4, 8

문제 3 | 생략(답이 하나라 아니라 여럿 나올 수 있습니다.)

문제 1 | (1) 4, 9　　(2) 3, 6　　(3) 3, 7
　　　　 (4)~(6) 생략(답이 여러 가지입니다.)

문제 2 | (1) 3, 3, 6　　(2) 4, 4, 8

문제 3 | (1) 5, 2, 7　　(2) 3, 4, 7　　(3) 5, 7
　　　　 (4) 3, 6　　(5) 5, 9　　(6) 4, 8
　　　　 (7) 1, 6　　(8) 2, 7
　　　　 (9)~(14) 생략(답이 여러 가지입니다.)

문제 1 | 생략(답이 여러 가지입니다.)

문제 2 | (1) 3, 4, 7　　(2) 4, 3, 7　　(3) 5, 2, 7
　　　　 (4) 3, 3, 6　　(5) 5, 4, 9　　(6) 2, 6, 8

문제 3 | (1) 8　　(2) 7　　(3) 9　　(4) 8
　　　　 (5) 5　　(6) 6　　(7) 9

문제 4 | (1) 8　　(2) 5　　(3) 5　　(4) 5
　　　　 (5) 5　　(6) 7　　(7) 7

5일차 (45쪽~47쪽)

문제 1 | (1) 7　　(2) 7　　(3) 9　　(4) 9

문제 2 | (1) 3, 6　　(2) 6, 9　　(3) 7, 9
　　　　　(4) 4, 6　　(5) 5, 8　　(6) 7, 9
　　　　　(7) 8, 9　　(8) 7, 8　　(9) 7, 9
　　　　　(10) 6, 9　　(11) 8, 9

문제 3 | (1) 2, 2, 2, 6　　(2) 3, 3, 2, 7
　　　　　(3) 2, 3, 8
　　　　　(4)~(8) 생략(답이 여러 가지입니다.)

6일차 (48쪽~50쪽)

문제 1 | 생략(답이 여러 가지입니다.)

문제 2 | (1) 6　　(2) 8　　(3) 8　　(4) 8
　　　　　(5) 8　　(6) 9　　(7) 9

문제 3 | (1) 7　　(2) 7　　(3) 9
　　　　　(4) 9　　(5) 9　　(6) 9

7일차 (51쪽~53쪽)

문제 1 | (1) 5, 8　　(2) 5, 7　　(3) 7, 8
　　　　　(4) 7, 9　　(5) 3, 8　　(6) 7, 8

문제 2 | (1) 5　　(2) 4　　(3) 2　　(4) 2
　　　　　(5) 4　　(6) 3

문제 3 | (1) 4　　(2) 3　　(3) 2
　　　　　(4) 4　　(5) 5

8일차 (54쪽~56쪽)

문제 1 | (1) 2　　(2) 4　　(3) 3

문제 2 | (1) ⚁　(2) ⚁　(3) ⚁　(4) ⚃　(5) ⚁
　　　　　(6)~(9) 생략(답이 여러 가지입니다.)

문제 3 | (1) 3　　(2) 4　　(3) 5
　　　　　(4) 3　　(5) 4

9일차 (57쪽~59쪽)

문제 1 | (1) ⚁　　(2) ⚄　　(3) ⚃

문제 2 | (1) 3　　(2) 4　　(3) 4
　　　　　(4) 2　　(5) 4　　(6) 4
　　　　　(7) 3　　(8) 6　　(9) 2

문제 3 | (윗줄부터 기재) (1) 5, 4, 2, 3, 5
　　　　　(2) 5, 4, 8, 6, 2　　(3) 4, 5, 3, 2, 6
　　　　　(4) 2, 4, 6, 7, 7, 3, 3

문제 4

(1)

7	
4	2̸ 3
	7 0
	1 6
	5 1̸ 2
	3 3̸ 4
	6 2̸ 1

(2)

9	
9 0	
3 5̸	6
2 6	7
1 8	
7 2	
6 1̸	3

(3)

8	
5 4̸	3
1 7	
6 2	
4 4	
2 7̸	6
3 4̸	5

(4)

6	
1 5	
3 3	
2 5̸	4
5 0̸	1
6 0	
4 3̸	2

10일차 (60쪽~63쪽)

문제 1 | (윗줄부터 정답기재) (1) 2, 3, 1
　　　　　(2) 2, 4, 5, 3, 6, 1　　(3) 4, 1, 7, 6, 5, 3, 2

문제 2 | (1) 2, 3　　(2) 2, 3　　(3) 4, 2　　(4) 7, 4

문제 3 | (1) 2　　(2) 2　　(3) 2
　　　　　(4) 3　　(5) 3　　(6) 4

문제 4 | (1) 2　　(2) 3　　(3) 2　　(4) 3
　　　　　(5) 1　　(6) 4　　(7) 2　　(8) 3
　　　　　(9)~(12) 생략(답이 여러 가지입니다.)

문제 1 | (1) 8   (2) 1   (3) 1   (4) 2   (5) 5
        (6) 1   (7) 8   (8) 6   (9) 3   (10) 3
        (11) 4   (12) 6   (13) 2   (14) 9   (15) 8
        (16) 2   (17) 3   (18) 9   (19) 5   (20) 1
        (21) 4

문제 1 | (1) 4   (2) 3   (3) 6   (4) 4   (5) 7
        (6) 1   (7) 9   (8) 3   (9) 9   (10) 2
        (11) 9   (12) 4   (13) 8   (14) 2   (15) 7
        (16) 2   (17) 7   (18) 4   (19) 9   (20) 1

3 덧셈식과 **뺄셈식**

문제 1 | (1) +   (2) −   (3) −
        (4) +   (5) +   (6) −

문제 2 | (1) +, 3   (2) −, 3   (3) 3, +, 4
        (4) 5, −, 2   (5) 2, +, 4   (6) 4, +, 3
        (7) 3, +, 2   (8) 4, −, 1

문제 3 | (1) +, +   (2) −, −   (3) +, +
        (4) −, −   (5) +3, +, 3   (6) −3, −, 3
        (7) +4, +, 4   (8) −6, −, 6

문제 1 | (1) 7, +5, 7   (2) 4, +3, 4
        (3) 1, −6, 1   (4) 3, −2, 3

문제 2 | (1) −3, −3, 2   (2) +4, +4, 8
        (3) −3, −3, 3   (4) −5, −5, 4
        (5) +4, +4, 9

문제 3 | (1) 8   (2) 6   (3) 3   (4) 6
        (5) 5   (6) 2   (7) 9   (8) 6

문제 4 | (1) =   (2) 〉   (3) =   (4) 〈   (5) 〉
        (6) =   (7) 〈   (8) 〉   (9) 〈

문제 1 | (1) 4, +, 3   (2) 7, −, 2
        (3) −, −   (4) +3, +, 3

문제 2 | (1) +3   (2) −2   (3) +3
        (4) −5   (5) +4, 7   (6) −2, 3

문제 3 | (1) 8, +3, 8   (2) 1, −2, 1   (3) 5, −4, 5
        (4) 7, +1, 7   (5) 7, +3, 7   (6) 2, −5, 2
        (7) 8, +7, 8   (8) 7, −2, 7   (9) 4, −4, 4
        (10) 6, +3, 6   (11) 4, +2, 4
        (12) 5, −1, 5

문제 1 | (1) =   (2) 〉   (3) =
        (4) =   (5) =

문제 2 | (1) +2   (2) −2   (3) +5   (4) −5
        (5) −6   (6) +6   (7) −4   (8) +4

문제 3 | (1) 6, 5+1=6   (2) 6, 9−3=6
        (3) 3, 7−4=3   (4) 5, 3+2=5
        (5) 9, 2+7=9   (6) 6, 8−2=6
        (7) 1, 6−5=1   (8) 9, 1+8=9
        (9) 6, 2+4=6   (10) 3, 4−1=3

5일차 (88쪽~92쪽)

문제 1 | (1) 8, 7+1=8   (2) 8, 4+4=8
          (3) 2, 9−7=2   (4) 2, 8−6=2

문제 2 | (1) +5, +5, 1+5=6   (2) −3, −3, 7−3=4
          (3) −6, −6, 8−6=2   (4) +4, +4, 5+4=9
          (5) −4, −4, 6−4=2   (6) +3, +3, 2+3=5

문제 3 | (1) 8, 3+5=8   (2) 7, 5+2=7
          (3) 9, 2+7=9   (4) 9, 3+6=9
          (5) 7, 1+6=7   (6) 9, 8+1=9

문제 4 | (1) 2, 5−3=2   (2) 5, 6−1=5
          (3) 1, 3−2=1   (4) 1, 8−7=1
          (5) 3, 4−1=3   (6) 7, 9−2=7

6일차 (93쪽~96쪽)

문제 1 | (1) 6, 4+2=6   (2) 3, 6−3=3
          (3) 8, 1+7=8   (4) 4, 8−4=4

문제 2 | (1) 4+2=6, 6−2=4   (2) 6+2=8, 8−2=6
          (3) 3+3=6, 6−3=3   (4) 5+3=8, 8−3=5
          (5) 2+4=6, 6−4=2   (6) 4+4=8, 8−4=4
          (7) 1+5=6, 6−5=1   (8) 3+5=8, 8−5=3
          (9) 2+6=8, 8−6=2   (10) 1+7=8, 8−7=1

문제 3 | (1) +3, −3, 4+3=7, 7−3=4
          (2) +4, −4, 1+4=5, 5−4=1
          (3) +4, −4, 3+4=7, 7−4=3
          (4) +5, −5, 3+5=8, 8−5=3
          (5) +5, −5, 4+5=9, 9−5=4

7일차 (97쪽~100쪽)

문제 1 | (1) +5, −5, 1+5=6, 6−5=1
          (2) +7, −7, 2+7=9, 9−7=2

문제 2 | (1) 5+2=7, 7−2=5   (2) 7+2=9, 9−2=7
          (3) 4+3=7, 7−3=4   (4) 6+3=9, 9−3=6
          (5) 3+4=7, 7−4=3   (6) 5+4=9, 9−4=5
          (7) 2+5=7, 7−5=2   (8) 4+5=9, 9−5=4
          (9) 1+6=7, 7−6=1   (10) 3+6=9, 9−6=3
          (11) 2+7=9, 9−7=2

문제 3

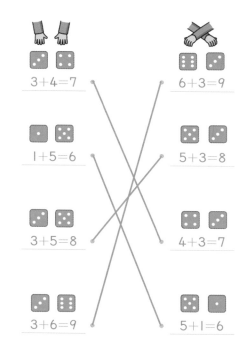

문제 4

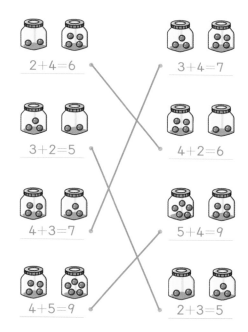

8일차 (101쪽~102쪽)

문제 1 | (1) 5 　　(2) 5 　　(3) 9
　　　　　 (4) 8 　　(5) 9 　　(6) 8

문제 2 | 틀린 답의 정답 (1) 2+1=3 　　(3) 5+2=7
　　　　　 (5) 3+5=8

문제 3 | (1) 1 　　(2) 3 　　(3) 1
　　　　　 (4) 3 　　(5) 2 　　(6) 2

문제 4 | 틀린 답의 정답 (1) 9-4=5 　　(3) 7-2=5
　　　　　 (4) 4-2=2 　(6) 9-6=3

9일차 (103쪽~105쪽)

문제 1 | (1) 9 　　(2) 8 　　(3) 7 　　(4) 9 　　(5) 6
　　　　　 (6) 9 　　(7) 7 　　(8) 7 　　(9) 9 　　(10) 4

문제 2 | 틀린 답의 정답 (1) 3+4=7 　　(3) 5+2=7
　　　　　 (6) 4+5=9 　　(7) 6+3=9 　　(8) 5+4=9
　　　　　 (10) 4+2=6 　　(12) 8+1=9

문제 3 | (1) 7, 9, 8, 6 　　(2) 9, 3, 7, 6
　　　　　 (3) 7, 4, 2, 9 　　(4) 9, 5, 7, 8
　　　　　 (5) 9, 7, 7, 8

10일차 (106쪽~108쪽)

문제 1 | (1) 5 　　(2) 5 　　(3) 3 　　(4) 4 　　(5) 3
　　　　　 (6) 1 　　(7) 7 　　(8) 3 　　(9) 4 　　(10) 4

문제 2 | 틀린 답의 정답 (1) 4-3=1 　　(3) 9-2=7
　　　　　 (6) 6-1=5 　　(8) 7-4=3 　　(10) 5-1=4
　　　　　 (11) 2-1=1

문제 3 | (1) 3, 1, 2, 4 　　(2) 1, 5, 4, 2
　　　　　 (3) 3, 4, 6, 1 　　(4) 2, 7, 1 ,4
　　　　　 (5) 3, 6, 1, 4

11일차 (109쪽~111쪽)

문제 1 | 1—9, 　　4—6, 　　8—2,
　　　　　 5—5, 　　3—7, 　　2—8

문제 2 | (1) 3+7=10 　　(2) 9+1=10 　　(3) 2+8=10
　　　　　 (4) 1+9=10, 4+6=10
　　　　　 (5) 4+6=10, 3+7=10
　　　　　 (6) 2+8=10, 5+5=10
　　　　　 (7) 8+2=10, 9+1=10
　　　　　 (8) 6+4=10, 5+5=10
　　　　　 (9) 1+9=10, 7+3=10

12일차 (112쪽~115쪽)

문제 1 | 5—5, 　　1—9, 　　6—4,
　　　　　 7—3, 　　2—8

문제 2 | (1) 5+2+3=10 　　(2) 6+1+3=10
　　　　　 (3) 8+1+1=10 　　(4) 1+2+7=10
　　　　　 (5) 3+4+3=10

문제 3 | (1) 3+2+5=10 　　(2) 7+2+1=10
　　　　　 (3) 4+3+3=10 　　(4) 1+7+2=10, 1+9=10
　　　　　 (5) 5+5=10, 5+2+3=10
　　　　　 (6) 4+4+2=10, 8+2=10
　　　　　 (7) 2+3+5=10, 7+3=10

『박영훈의 생각하는 초등연산』 시리즈 구성

계산만 하지 말고 왜 그런지 생각해!

아이들을 싸구려 계산기로
만들지 마라! 연산은
'계산'이 아니라 '생각'하는 것이다!

인지 학습 심리학 관점에서
연산의 개념과 원리를
스스로 깨우치도록
정교하게 설계된, 게임처럼
흥미진진한 초등연산!

1권 | 덧셈과 뺄셈의 기초 Ⅰ (1학년 1학기)

2권 | 덧셈과 뺄셈의 기초 Ⅱ (1학년 2학기)

3권 | 두 자리 수의 덧셈과 뺄셈 (2학년)

4권 | 곱셈 기초와 곱셈구구 (2학년)

5권 | 덧셈과 뺄셈의 완성 (3학년)

6권 | 두 자리 수 곱셈과 나눗셈 (3학년)

7권 | 곱셈과 나눗셈의 완성과 혼합계산 (4, 5학년)

유아부터 어른까지, 교과서부터 인문교양서까지
박영훈의 느린수학 시리즈!

초등수학, 우습게 보지 마!

잘못 배운 어른들을 위한,
초등수학을 보는 새로운 관점!

만약 당신이 학부모라면, 만약 당신이 교사라면
수학교육의 본질은 무엇인지에 대한 관점과,
아이들을 가르치는 데 꼭 필요한 실용적인 내용을
발견할 수 있을 겁니다.

초등수학과 중학수학, 그 사이에 있는, 예비 중학생을 위한 책!

이미 알고 있는 초등수학의 개념에서 출발해
중학수학으로까지 개념을 연결하고 확장한다!

중학수학을 잘하려면 초등수학 개념의 완성이 먼저다!
선행 전에 꼭 읽어야 할 책!

무엇이든
물어보세요!

박영훈 선생님께 질문이 있다면 메일을 보내주세요.
slowmathpark@gmail.com

박영훈의 느린수학 시리즈 출간 소식이 궁금하다면,
*slowmathpark@gmail.com*로
이름/연락처를 보내주세요.

연락처를 보내주신 분들은 문자 또는 SNS,
이메일을 통한 소식받기에 동의한 것으로 간주하며,
<박영훈의 느린 수학>의 새로운 소식을 보내드립니다!